排水管道紫外光原位固化修复施工指导手册

开普瑞环保科技有限公司　编

合肥工业大学出版社

图书在版编目(CIP)数据

排水管道紫外光原位固化修复施工指导手册/开普瑞环保科技有限公司编.--合肥:合肥工业大学出版社,2025. --ISBN 978-7-5650-7219-2

Ⅰ.TU992.4-62

中国国家版本馆 CIP 数据核字第 2025E3F026 号

排水管道紫外光原位固化修复施工指导手册

开普瑞环保科技有限公司 编　　责任编辑 张择瑞　　责任校对 陈雅宁

出　版	合肥工业大学出版社	版　次	2025 年 7 月第 1 版
地　址	合肥市屯溪路 193 号	印　次	2025 年 7 月第 1 次印刷
邮　编	230009	开　本	710 毫米×1010 毫米　1/16
电　话	理工图书出版中心:0551-62903204	印　张	6
	营销与储运管理中心:0551-62903198	字　数	75 千字
网　址	press.hfut.edu.cn	印　刷	安徽联众印刷有限公司
E-mail	hfutpress@163.com	发　行	全国新华书店

ISBN 978-7-5650-7219-2　　定价:38.00 元

编 委 会

主编单位　开普瑞环保科技有限公司

参编单位　安徽风泰环境科技有限公司

安徽源禧新材料科技有限公司

杭州四叶智能设备有限公司

杭州诺地克市政工程有限公司

河南众恒管道工程技术有限公司

南京曼特内思机械设备有限公司

山东恒峰机械科技有限公司

四川大方建设工程有限公司

前　言

紫外光原位固化修复技术在市政排水管网非开挖修复领域优势显著，全国范围内该技术的应用规模持续扩大。鉴于非开挖修复属于地下隐蔽工程，且每个项目、每段管道的现场工况各异，加之施工单位技能水平不一，所以施工质量问题时有发生。优质的修复效果必须同时满足三个要素：品质稳定的软管材料、经验丰富且操作规范的施工队伍、精密高效的固化设备，三者缺一不可。如何在每个具体的工程项目中确保做到三者的有效落实是本手册编撰的目标与目的。

本指导手册是针对紫外光原位固化修复施工的专业技术资料，以开普瑞环保科技有限公司内衬软管材料和希姆雷斯固化设备为基础，从现场施工的实际操作出发，使用通俗易懂、言简意赅的语言，结合大量图片、表格等辅助理解，涵盖现行规范标准及我公司施工经验编制而成。本手册以工程项目管理方、施工单位和班组为服务对象，施工中遇到的大部分问题都可在本指导手册中找到解决方法或解释说明，是指导提高施工单位施工能力的专业资料，也是软管企业、固化设备企业、施工企业互相交流的通用技术工具。

开普瑞环保科技有限公司专业从事紫外光固化内衬软管的研发、生产、销售，是国家高新技术企业、安徽省专精特新企业，产品市场占有率高并热销俄罗斯、日本等国家。杭州四叶智能设备有限公司是国内最早生产高压汞灯紫外光固化设备的企业，以地下管网非开挖修复装备研发制造为核心产业，拥有日本联名品牌“SEAMLESS希姆雷斯”高压汞灯紫外光固化修复设备。我们愿与管网非开挖修复领域同仁共同努力，为紫外光原位固化修复行业健康发展贡献力量。

开普瑞环保科技有限公司

2025 年 5 月

目　录

1　紫外光原位固化修复工艺简介 …… (001)

1.1　UV-CIPP 紫外光原位固化修复原理 …… (001)
1.2　UV-CIPP 技术特点及优势 …… (003)
1.3　UV-CIPP 技术适用工况要求 …… (004)
1.4　三种常见非开挖修复技术对比 …… (004)
1.5　管道开挖与 UV-CIPP 对比 …… (006)

2　内衬软管定制要求 …… (007)

2.1　软管定制易出现的问题 …… (007)
2.2　定制软管前注意事项 …… (008)
2.3　内衬管厚度设计 …… (009)

3　内衬软管性能要求 …… (012)

3.1　内衬软管合格证及检测报告 …… (012)
3.2　内衬管检测数据 …… (013)

3.3 内衬软管结构 …… (014)
3.4 UV-CIPP 内衬软管外观 …… (014)
3.5 树脂体系 …… (015)
3.6 玻璃纤维复合毡 …… (015)
3.7 扎头布及其作用 …… (016)
3.8 软管包装运输储存 …… (016)

4 光固化工程车性能要求 …… (017)

4.1 工作稳定性 …… (017)
4.2 材料适应性 …… (018)
4.3 操作便捷性 …… (018)
4.4 设备安全性 …… (019)
4.5 环境适应性 …… (019)

5 固化灯功率及速度建议表 …… (020)

6 固化设备保养及故障诊断 …… (022)

6.1 灯链问题及处理方法 …… (022)
6.2 无视频现象及处理方法 …… (023)
6.3 电缆回收速度异常及处理方法 …… (023)
6.4 无气压显示及处理方法 …… (024)
6.5 风机问题及处理方法 …… (024)
6.6 发电机问题及处理方法 …… (024)

7 施工安全管理 …… (025)

7.1 安全风险识别表 …… (025)
7.2 有限空间作业装备 …… (028)

8 主要辅助施工设备 ……………………………………………… (030)
9 施工流程 …………………………………………………… (032)
10 施工准备工作 ……………………………………………… (034)
10.1 班前会议 …………………………………………… (034)
10.2 现场围挡 …………………………………………… (034)
10.3 封堵降水 …………………………………………… (035)
10.4 管道预处理 ………………………………………… (036)
10.5 软管开箱检查 ……………………………………… (037)
11 施工技术要求 ……………………………………………… (039)
11.1 拖管方向 …………………………………………… (039)
11.2 捆绑牵引头 ………………………………………… (040)
11.3 铺设垫膜 …………………………………………… (040)
11.4 软管折叠 …………………………………………… (041)
11.5 软管拖入管道 ……………………………………… (041)
11.6 捆绑扎头及扎头布 ………………………………… (043)
11.7 固化灯送入软管 …………………………………… (044)
11.8 牵引固化灯 ………………………………………… (044)
11.9 软管固化 …………………………………………… (045)
11.10 降温卸压 ………………………………………… (045)
11.11 端口切割及密封 ………………………………… (046)
11.12 施工记录 ………………………………………… (046)
12 内衬管质量检测 …………………………………………… (047)
12.1 修复后外观质量 …………………………………… (047)
12.2 壁厚测量 …………………………………………… (048)

目录

12.3　固化硬度测量 ………………………………………… (048)
12.4　第三方样品检测 ……………………………………… (048)

13　严密性试验 ……………………………………………… (050)

13.1　不做严密性试验条件 ………………………………… (050)
13.2　闭水试验方法及要求 ………………………………… (051)

14　UV-CIPP 软管外观常见问题分析及预防 ………………… (052)

14.1　包装箱损坏 …………………………………………… (052)
14.2　软管外层漏胶 ………………………………………… (053)
14.3　软管变硬 ……………………………………………… (053)

15　UV-CIPP 软管固化常见问题分析及预防 ………………… (055)

15.1　软管进水泛白 ………………………………………… (055)
15.2　软管进气泛白 ………………………………………… (056)
15.3　环形褶皱 ……………………………………………… (057)
15.4　纵向褶皱 ……………………………………………… (058)
15.5　螺旋褶皱 ……………………………………………… (059)
15.6　鼓包突起 ……………………………………………… (060)
15.7　与原管道不贴合 ……………………………………… (061)
15.8　树脂气味大 …………………………………………… (062)
15.9　未完全固化 …………………………………………… (062)
15.10　裂纹 ………………………………………………… (063)
15.11　内膜粘连 …………………………………………… (064)
15.12　纵向白线胶条 ……………………………………… (065)
15.13　底部隆起破裂 ……………………………………… (066)
15.14　内壁色差 …………………………………………… (067)

15.15 内膜自行脱落 …………………………………………………… (068)
15.16 固化后玻纤分层 ………………………………………………… (069)

16 技术要点说明 ………………………………………………………… (071)

16.1 固化灯速度说明 ………………………………………………… (071)
16.2 内衬管寿命说明 ………………………………………………… (072)
16.3 全产业链质量控制说明 ………………………………………… (072)

17 引用标准名录 ………………………………………………………… (073)

附　录 ……………………………………………………………………… (074)

附录 1 行业标准《城镇排水管道非开挖修复更新工程技术规程》CJJ/T 210—2014 第 5.2 内衬管设计 ………………… (074)
附录 2 紫外光原位固化法管道修复全产业链质量控制倡议（2024 年版） ………………………………………… (078)

目录

1 紫外光原位固化修复工艺简介

1.1 UV-CIPP 紫外光原位固化修复原理

紫外光原位固化修复工艺是管道原位固化法的一种，简称 UV-CIPP，UV 是紫外线 Ultraviolet 的英文缩写，CIPP 是管道原位固化法内衬修复即 Cured-in-Place Pipe 的英文缩写。

UV-CIPP 的原理是将充分浸润树脂的内衬软管牵拉进入原有管道，通过向内衬软管内通入压缩空气，使其紧贴原有管道内壁，通过受控的紫外光灯照射，使内衬软管固化而形成具有一定强度内衬管的修复方法，简称光固化修复。

紫外光原位固化修复施工简图如图 1－1 所示，修复断面结构如图 1－2 所示，修复前后管道内部对比如图 1－3 所示。

图 1-1　紫外光原位固化修复施工简图

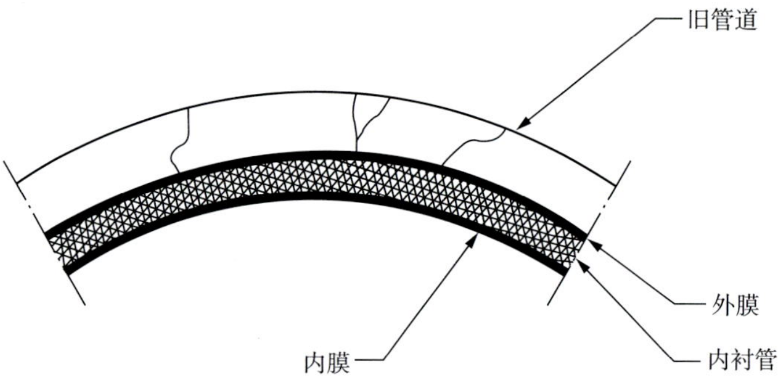

图 1-2　修复断面结构图

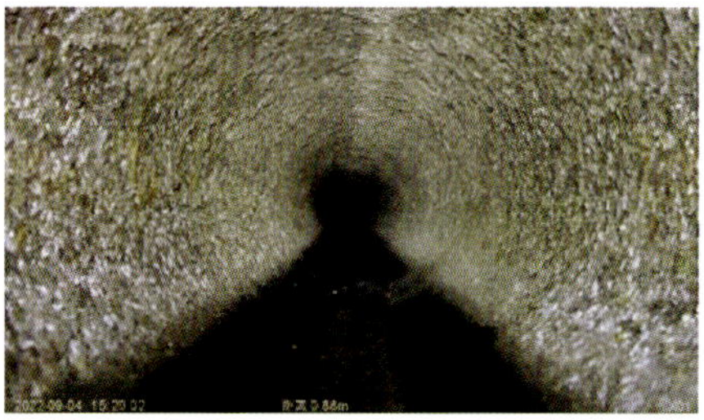

(a) 修复前

(b) 修复后

图 1-3　修复前后管道内部对比图

1.2 UV-CIPP 技术特点及优势

(1)修复范围广:常作为市政雨水、污水排水管道或无压力管道非开挖修复,适用于波纹管、水泥管、铸铁管等各种材质,适用于圆形、椭圆形、蛋形、矩形等各种形状的破损管道修复,如图 1-4、图 1-5 所示。

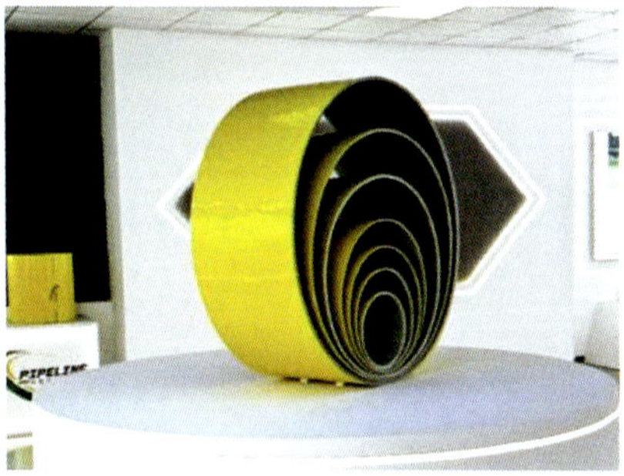

图 1-4 圆形断面

图 1-5 矩形断面

(2)按需定制:根据设计和施工需要,可定制修复管道规格为 DN150~2000mm,内衬管壁厚 3~16mm,一次修复长度可达 100m 以上。可根据客户需求分段定制,也可连段整箱定制。

(3)施工便捷:利用现有的排水管道检查井作为作业空间,不需要开挖土方,施工设备占地面积小,对周围交通及居民影响小。

(4)施工时间短:每段管道从占道封堵至恢复通水仅需要 4~8h,可避开交通高峰期选择夜间施工。

(5)影响因素少:不受季节温度影响,材料仅在紫外光作用下发生固化反应。

(6)修复效果佳:内衬管材质与玻璃钢相同,具有耐磨损、耐腐蚀、流阻小、强度高等特点，寿命可达50年以上；内衬管与旧管道紧密贴合，不影响过流。

(7)施工成本低：无开挖成本，管道上方构建物越多、燃气电力等综合管廊越密集，施工成本优势越明显。

(8)安全环保：施工能源需求小，施工过程不产生有害物质，有利于施工人员及周边居民的身体健康，有利于环境保护。

1.3 UV-CIPP技术适用工况要求

(1)圆形、矩形、蛋形等不同截面形状的常温无压排水管道。

(2)管道基础结构基本稳定、管道线性无明显变化、管道壁体无严重破损。

(3)管道错口量≤10%，变形量≤10%，弯曲量≤30°。

(4)每段管道内衬软管修复施工最佳长度宜控制在100m以内；超100m内衬软管修复需在预处理、设备、人员等方面做充分论证，制订专项施工方案。

(5)检查井及井室的空间应满足人员施工条件。

(6)检查井四周应有足够的停车、摆放机具和材料的场地。

(7)现场具备排降水条件，施工过程不可有水流进入内衬管。

(8)不建议在零度以下工况环境中施工。

1.4 三种常见非开挖修复技术对比

常见的非开挖修复技术有紫外光固化UV-CIPP、机械螺旋缠绕、CIPP水翻。三种工法的技术对比见表1-1所列。

表 1-1　三种常见非开挖修复技术对比

项目	紫外光固化	机械螺旋缠绕	CIPP 水翻
适用管径	DN150～2000mm	DN600～4000mm	DN250～1800mm
适用管道	所有材质管道	不适用 PE 波纹管	所有材质管道
通流内径损失率	2%～3%	15%～20%	3%～4%
最大允许转角	30°	15°	90°
是否注浆	不需要	需要	不需要
适用断面形式	圆形、蛋形、矩形 等不规则形状	圆形、矩形	圆形、蛋形、矩形 等不规则形状
内衬材料	玻璃纤维基 不饱和树脂复合	PVC 型材	无纺布基 不饱和树脂复合
带水作业	不可	允许少量水	不可
密实性	整体材料无渗漏	螺旋接缝易渗漏	整体材料无渗漏
是否需要扩井	不需要	需要	不需要
施工时长	2～3h	缠绕 4～6h 注浆 3h 浆料硬化 3d	5～6h
弹性模量	≥10000MPa	≥2000MPa	≥3000MPa
拉伸强度	≥100MPa	≥35MPa	≥80MPa
弯曲强度	≥150MPa	≥58MPa	≥90MPa
有限空间作业	需短时间井下作业， 安全风险小	需长时间井下作业， 安全风险大	需短时间井下作业， 安全风险小
特种设备	无	无	蒸气锅炉
总结	综上所述，UV-CIPP 紫外光原位固化修复工艺 在排水管道非开挖修复领域优势明显		

1.5 管道开挖与 UV-CIPP 对比

传统的市政排水管网修复方式是通过开挖，置换新管道。表 1－2所列为开挖换管与 UV-CIPP 工艺的各方面综合对比。

表 1－2 管道开挖换管与非开挖修复对比

项目	传统开挖修复	紫外光原位固化修复
是否开挖	全线开挖	不开挖
主要工作	路面破拆及恢复、土方开挖及恢复、置换新管	管道清淤、气囊封堵、管道内衬
施工占地	长期封路、全线围挡	临时占用施工区域一条车道
对交通影响	影响大	影响小，可错峰施工
对环境影响	噪音、粉尘、建筑垃圾	无影响
施工安全	深沟开挖、交叉作业、长期长距离布线、大型吊装作业、有限空间作业，安全事故发生率高	短时有限空间作业、发电机临时用电、偶尔小型吊装作业，安全事故发生率低
施工周期	1～2 月/公里	2～3 周/公里
管道防腐	防腐性能差	防腐性能强，耐酸碱
管道防渗	接口多，易渗漏	无接口，不渗漏
过流能力	管道内壁摩擦系数大	管道内壁摩擦系数小
应用工况	开挖限制多	无工况要求

优质的修复效果必须同时满足三个要素：品质稳定的软管材料、经验丰富且操作规范的施工队伍、精密高效的固化设备，三者缺一不可。

2 内衬软管定制要求

2.1 软管定制易出现的问题

(1)定制管径比待修复管道管径大:修复后易产生纵向连续褶皱、纵向夹胶等缺陷。

(2)定制管径比待修复管道管径小:软管无法与原管道内壁紧密贴合,过度膨胀导致黄膜、内膜破裂,进气、进水等问题。

(3)软管定制太长:需要井下人工切割,浪费人工、材料。

(4)软管定制太短:增大施工难度,甚至无法整体修复。

(5)未定制扎头布:软管两端及中间井裸露的部分会过度膨胀,有爆管风险。

(6)未定制导灯膜:增加入灯难度,灯架易划伤内膜。

(7)未明确卸车方式:木箱结构与吊车或叉车不匹配,卸货时增加木箱损坏风险。

2.2 定制软管前注意事项

(1)用十字法测量原管道内径，如图 2-1 所示，以实测内径订购软管，确保测量数据准确。如果原管道变形，水平和垂直管径数据差异大，则使用细绳测量管道内部周长，换算成直径，并确保数据准确。

(2)用无伸缩性的钢卷尺(如图 2-2)测量井中到井中的距离作为软管订购长度，确保测量数据准确。如果管道有起伏或弯曲时，订购软管时应适当加长 0.3～1m。

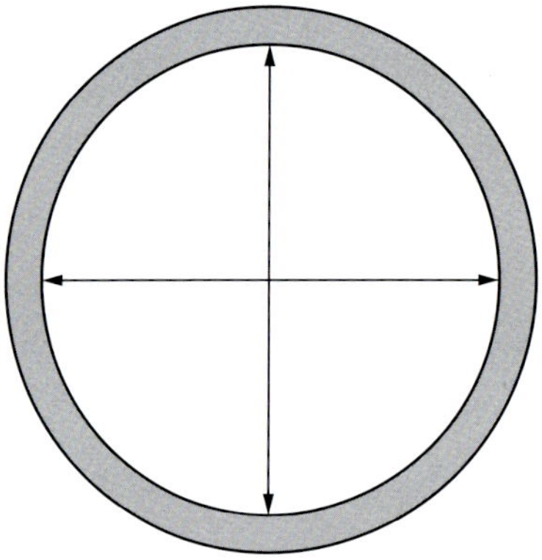

图 2-1　十字测量法

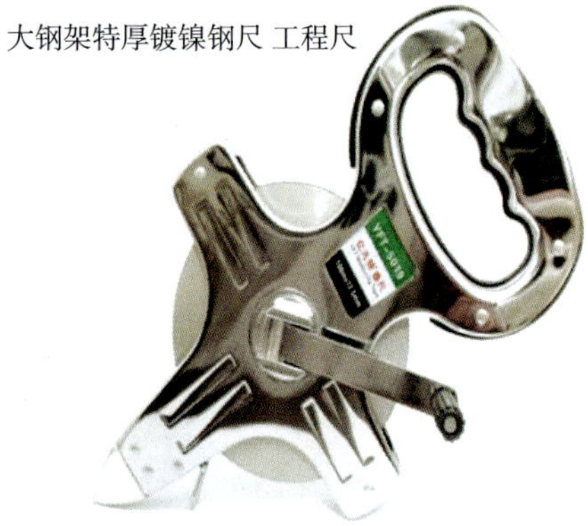

图 2-2　钢卷尺

(3)确认扎头布种类和数量，如有中间井，需配备拉链扎头布，并确认长度是否满足中间井要求。

(4)明确垫膜和导灯膜的长度。

(5)确认每段材料的装箱顺序。

(6)确认现场卸货方式，合理选用叉车或吊车卸货，使用适合的吊具，确保卸车时材料安全。

2.3 内衬管厚度设计

根据行业标准 CJJ/T 210—2014 的要求，内衬管壁厚设计前应确定是半结构性修复还是结构性修复，区别见表 2-1 所列。

表 2-1 半结构性修复和结构性修复的区别

半结构性修复	内衬管仅承受外部的静水压力； 当有裂纹、渗漏、轻微腐蚀等缺陷，原管道结构强度基本完好时属此类型
结构性修复	内衬管不仅承受外部的静水压力，还要承受土压力和载荷压力； 当原管道有塌方、纵向裂纹、壁厚腐蚀等严重缺陷，原管道结构强度损失严重时属此类型

根据现行行业标准《城镇排水管道非开挖修复更新工程技术规程》(CJJ/T 210—2014)第 5.2 章节(附录 1)，当采用原位固化法进行管道半结构性修复壁厚计算公式如下：

$$t=\frac{D_{\mathrm{O}}}{\left[\frac{2KE_{\mathrm{L}}C}{PN(1-\mu^2)}\right]^{\frac{1}{3}}+1} \tag{2-1}$$

$$C=\left[\frac{\left(1-\frac{q}{100}\right)}{\left(1+\frac{q}{100}\right)^2}\right]^3 \tag{2-2}$$

$$q=100\times\frac{(D_{\mathrm{E}}-D_{\min})}{D_{\mathrm{E}}} \text{或} q=100\times\frac{D_{\max}-D_{\mathrm{E}}}{D_{\mathrm{E}}} \tag{2-3}$$

$$P=0.00981H_{\mathrm{w}} \tag{2-4}$$

式中：t——内衬管壁厚(mm)；

D_O——内衬管管道外径(mm);

K——圆周支持率,取值宜为 7.0;

E_L——内衬管的长期弹性模量(MPa),宜取短期模量的 50%;

C——椭圆度折减系数;

P——内衬管管顶地下水压力(MPa),地下水位的应符合现行国家标准《水排水工程管道结设计规范》(GB 50332)的有关规定;

N——安全系数,取 2.0;

μ——泊松比,原位固化法取 0.3;

q——原有管道的椭圆度(%),取 2%;

D_E——原有管道的平均内径(mm);

D_{min}——原有管道的最小内径(mm);

D_{max}——原有管道的最大内径(mm)。

当内衬管管道位于地下水位以上时,原位固化法内衬管的标准尺寸比(SDR)不得大于 100。

当内衬管椭圆度不为零时,按公式(2-1)计算的内衬管的壁厚最小值不应小于下列公式计算结果:

$$1.5\frac{q}{100}\left(1+\frac{q}{100}\right)\mathrm{SDR}^2-0.5\left(1+\frac{q}{100}\right)\mathrm{SDR}=\frac{\sigma_L}{PN} \quad (2-5)$$

$$\mathrm{SDR}=\frac{D_O}{t} \quad (2-6)$$

式中:SDR——管道的标准尺寸比;

σ_L——内衬管材的长期弯曲强度(MPa),宜取短期强度的 50%。

为方便客户快速确定壁厚要求,以下的通用半结构性修复内衬管最小壁厚见表 2-2 所列,供客户参考。

表 2-2　半结构性修复内衬管最小壁厚

管径(mm)	管道顶距地面高度						
	1.5m	2m	3m	4m	5m	6m	7m
DN300	3	3	3	3	4	4	4
DN400	3	3	4	4	4	5	5
DN500	4	4	5	5	5	6	6
DN600	4	5	5	6	6	7	7
DN700	5	6	6	7	7	8	8
DN800	6	6	7	8	8	9	9
DN900	7	7	8	9	9	10	10
DN1000	7	8	9	10	10	11	11
DN1100	8	8	9	10	11	12	13
DN1200	8	9	10	11	12	13	14
说明	1. 软管壁厚单位为 mm。 2. 内衬管短期弯曲弹性模量保守值为 14000MPa，本表计算壁厚时内衬管长期弹性模量 E_L = 7000MPa。 3. 地下水位高度按极端情况考虑，地下水位与地面相同。如不考虑极端地下水位内衬管厚度可适当减小。 4. 本表前提条件是管道椭圆度≤2%；如果管道椭圆度>2%，需另行计算						

结构性修复内衬管壁厚设计相对复杂，计算时需综合考虑总的外部压力、水浮力系数、周边土体对管道的支撑、土体综合变形模量、土体重度、埋深、地面活荷载等因素，详见附录 1。

3 内衬软管性能要求

3.1 内衬软管合格证及检测报告

UV-CIPP 软管出厂时必须有盖章的合格证(如图 3－1)、出厂检测报告(如图 3－2)和产品使用说明书。

合格证

产品名称：UV-CIPP 内衬软管
管道规格：DN700
固化厚度：≥7mm
长　　度：105.6m
产品批号：2408057
生产日期：2024/08/21
检　　验：合格

开普瑞环保科技有限公司
地址：安徽省舒城县杭埠镇经济开发区南聚 C3 幢

图 3－1　合格证

管道原位固化修复（CIPP）软管出厂检测报告

编号：2408057

基本指标	管径/mm	DN700
	固化后管径壁厚/mm	≥7
	外观颜色	黄色
143 通用指标	短时弯曲模量/Mpa 检测依据 GB/T 1449-2005	15554
	短时弯曲强度/Mpa 检测依据 GB/T 1449-2005	298
	短时抗拉强度/Mpa 检测依据 GB/T 1040.4-2006	185
	耐化学性	符合 GB/T 11547-2008
	使用时限	50 年
	储存稳定性	90 天 避光、通风、常温（0-25℃）
基体材料	树脂单体	不饱和聚酯树脂
	光引发剂	紫外线（UV）光引发剂
增强材料	名称	无碱玻璃纤维布
	等级	永久耐酸、耐碱品
保护材料	软管外膜	高强防 UV 光复合膜
	内膜	高强高透光复合膜

开普瑞环保科技有限公司
2024 年 8 月 21 日

图 3－2　检测报告

3.2 内衬管检测数据

UV-CIPP 生产企业应提供软管固化后的样块，委托具有资质的第三方检测机构进行检测，检测内容包括：10000h 长期蠕变、力学指标、密实性、高温加速耐碱性能、苯乙烯残留、耐酸碱腐蚀性能等。开普瑞环保科技有限公司产品检测数据详见表 3－1 所列。

表 3－1 开普瑞环保科技有限公司产品检测数据汇总表

10000h 长期蠕变检测报告			
50 年蠕变系数	50 年折减系数	备注	
0.81	1.24	50 年后环状弹性模量保留率 81%	
力学性能检测报告			
	弯曲弹性模量(MPa)	弯曲强度(MPa)	拉伸强度(MPa)
企业标准	15000～26000	200～430	150～320
行业标准	≥8000	≥125	≥80
高温加速耐碱性能检测报告			
	弯曲弹性模量保留率	弯曲强度保留率	
企业标准	94%	92.5%	
行业标准	≥80%	≥80%	
苯乙烯残留检测报告			
企业标准	1.839%	行业标准	≤4%
耐酸碱腐蚀检测报告			
	耐酸弹性模量保留率	耐碱弹性模量保留率	
企业标准	95.3%	95.7%	
行业标准	≥80%	≥80%	

3.3　内衬软管结构

内衬软管由内向外分别为内膜、树脂玻纤层、防水膜和外膜，其结构如图 3－3 所示。内衬软管结构各层次及附件说明见表 3－2 所列。

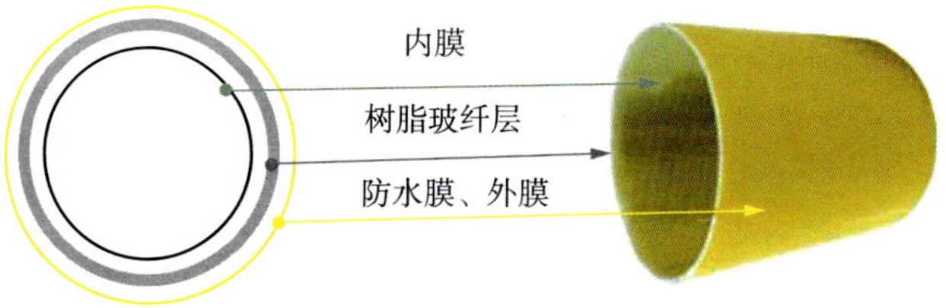

图 3－3　内衬软管结构图

表 3－2　各层次及附件说明

名称	说明
树脂	间苯-新戊二醇不饱和聚酯树脂
玻璃纤维布	ECR 无碱环向加强型玻纤复合毡
内膜	PA/PE 高强高透光耐高温筒形复合共挤膜
防水膜	PP/PA/PE 复合膜或复合无纺布
外膜	PA/PE 高强抗紫外光多层共挤膜
光引发剂	兼顾浅层与深层固化，多种复配型 UV 引发剂
预埋绳	高强度编织扁绳
胶带	耐树脂腐蚀专用胶带
固化反应温度	80～110℃

3.4　UV-CIPP 内衬软管外观

UV-CIPP 内衬软管厚度均匀，厚度符合设计要求；表面无破损、撕裂、孔洞、异物等缺陷；无明显褶皱，如图 3－4 所示。UV-CIPP 内衬软管外表面应有包含品牌在内的长度、管径、厚度等材料标识的信息。

（a）入箱外观

（b）表面外观

图 3－4　UV-CIPP 内衬软管外观

3.5　树脂体系

城市排水管网紫外光原位固化修复材料选用的树脂应具有耐腐蚀、耐磨损性能，具有良好的浸润性及触变性能。

采用不饱和聚酯树脂（UP）时，应选择间苯型新戊二醇树脂或性能更好的树脂，禁用邻苯型不饱和聚酯树脂。

树脂储藏环境、储藏温度和储藏时间应根据树脂本身的稳定性和固化体系来确定。树脂和添加剂混合后应及时进行浸渍。

3.6　玻璃纤维复合毡

玻璃纤维复合毡应选用 ECR 无碱环向加强型，表面无开裂、受潮、污点、油渍、絮乱、丝团等瑕疵，每批原材料均需严格检验。

3.7 扎头布及其作用

扎头布的作用是防止内衬软管在加压过程中过度膨胀，避免原管道管口边缘扎破内衬管。

扎头布按防护部位可分为端头扎头布和拉链扎头布。端头扎头布用于防护软管的两端，拉链扎头布用于防护中间井裸露的部分。

3.8 软管包装运输储存

软管整齐叠放在包装木箱中，木箱内侧覆盖保护膜，顶部包裹防雨膜。必要时木箱会加隔板分层，防止下部的软管被过度挤压。木箱中还应有与产品匹配的垫膜、导灯膜、合格证、检测报告等。

夏季运输应采取防晒和降温的措施，或选择夜间运输。当气温连续 4h 超过 30℃或低于－5℃时，应采用保温车运输。

常温(5～25℃)、防水、避光、通风条件下，软管保质期为 90 天。现场暂存时间应控制在 2 天内，夏季现场应暂存于阴凉、通风、干燥场所，温度低于 30℃，避免雨淋和长时间阳光曝晒；冬季现场暂存应有保温措施，温度宜控制在 5～25℃；由低于 5℃环境下运抵现场的软管，应保温回暖 24h 后再固化施工。

4　光固化工程车性能要求

评估与考察光固化工程车[如图 4－1(a)、(b)]的性能，除应考虑固化效率外，还应包含工作稳定性、材料适应性、操作便捷性、设备安全性和环境适应性等方面。这些因素共同决定了光固化工程车能否在紫外光原位固化修复作业中高效、安全和可靠地运行。

(a)　　(b)

图 4－1　光固化工程车

4.1　工作稳定性

车辆的控制、电源、UV 光固化等系统应具备良好的稳定性和可靠性，以减少故障发生的概率。

4.2　材料适应性

紫外光固化灯宜采用波长范围为 315～420nm 的高压汞灯，光源应满足材料完全固化所需的辐照强度。

4.3　操作便捷性

（1）控制系统：光固化工程车搭载工业级 PC 及专业的控制系统，方便用户实时监控和操作，如图 4－2 所示。

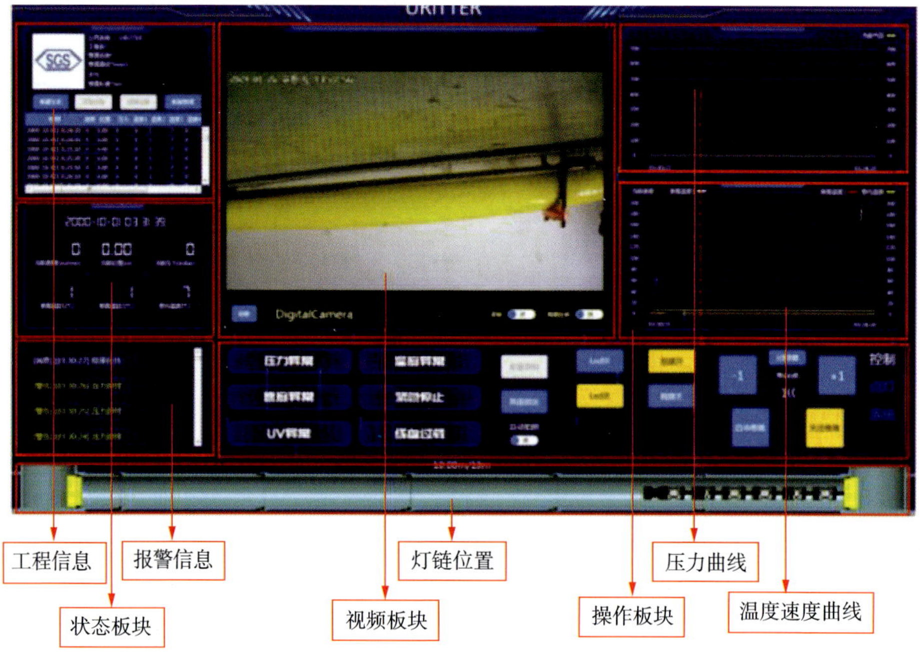

图 4－2　控制系统

（2）显示系统：车辆应配备高清显示屏，实时监控压力、温度、速度等关键信息，方便用户了解设备运行状态。

（3）记录系统：设备配有记录施工信息、视频、温度、速度等关键信息的备份系统，方便后期查阅。

(4)紧急停止按钮：固化设备在操作台和线盘尾部设置紧急停止按钮，以便在紧急情况下快速停止。

4.4 设备安全性

(1)过压过流保护：光固化工程车的电源系统应具备过压过流保护功能，确保设备在异常情况下不会受到损坏。

(2)恒流调节：UV 光固化主机应具备恒流调节功能，确保固化灯在工作过程中保持稳定输出。

(3)电缆安全：电缆长度应足够，并具备抗拉、抗弯曲、耐腐蚀等性能，确保在作业过程中的安全使用。

4.5 环境适应性

(1)耐高温性能：光固化工程车系统应具有一定的耐高温性能，确保在高温环境下保持稳定工作。

(2)灯链灵活性：施工时，紫外光固化灯[如图 4 - 3(a)、(b)]可随施工管段长度、管径进行调整灯链数量，如：DN300 管径长度 30m 以下可使用 2～4 盏灯施工，长度 30m 以上可使用 6 盏灯施工。

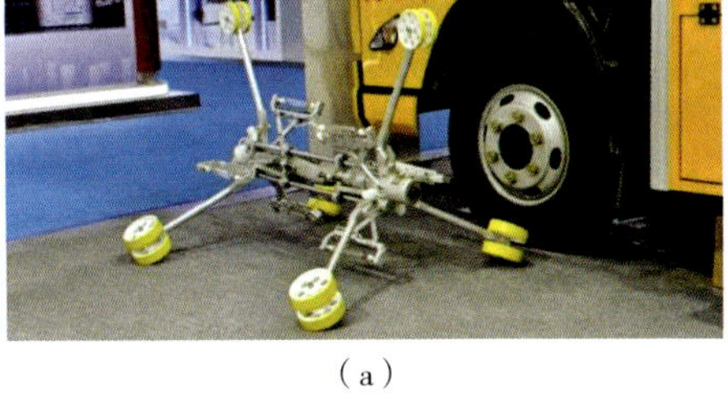

(a)

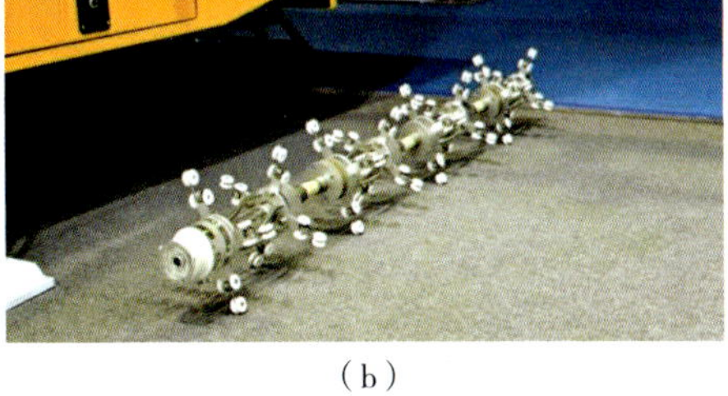

(b)

图 4 - 3　固化灯

5 固化灯功率及速度建议表

根据希姆雷斯光固化设备的应用经验，提供以下可供参考的固化参数，见表 5－1 所列。

表 5－1 希姆雷斯光固化设备固化参数表

管道管径(mm)		250	300	400	500	600	700	800	900	1000	1100	1200
点灯间隔(s)		20					30					
气压(bar)		0.3～0.4				0.25～0.3					0.2～0.25	
固化速度(cm/min)	厚度(mm)	6×600W			6×1000W				6×1500W			
	3	125	120	110	115							
	4	115	110	105	105							
	5	105	100	95	95	75	70	65				
	6	95	90	90	85	70	65	60	50			
	7			85	80	65	60	55	45	45		
	8				75	60	55	50	40	40	50	50
	9					55	50	45	35	35	45	45
	10							40	30	30	40	40
	11								25	25	35	35
	12									20	25	30
	13											25

注意，表中速度为上限值，实际施工时固化速度不得超过表中数值。

固化开始端，从1号灯开始按照顺序点亮6盏灯，确认管口的固化状况；管口固化的时间5～15min。管口固化确认之后材料厚度不满10mm的，按照10cm/min的速度拉灯4min；材料大于10mm时按照8cm/min的速度拉灯5min。

固化结束端，当6号灯到达扎头管口时，保持所有灯点亮的状态停止拖灯，确认管口固化状态。管口固化确认之后，回拖50cm，按照以下速度重新拖灯，当第6号灯到达扎头管口时固化结束，全部灭灯。材料厚度不满10mm时按照10cm/min；材料大于10mm时按照8cm/min。如果有其他原因造成无法调节速度，连续照射5min。

充气加压过程，每50mbar保持3min后再增加50mbar。加压过程中需要检查扎头是否紧固，如有必要重新扎紧，并将两端部开设排气口。

6盏紫外光灯中，任何一盏出现故障无法点亮时，固化速度至少减至原速度5/6；两盏灯无法点亮时，固化速度减至4/6。当出现3盏灯无法点亮，必须停止施工，查明原因恢复6盏灯后再进行施工。

固化后冷却必须在保持固化压力10min以上。

6 固化设备保养及故障诊断

设备的定期保养是确保设备正常运转的基础，也是预防设备故障的重要手段。请参照设备厂家保养手册严格执行。

6.1 灯链问题及处理方法

(1)灯不亮或不能持续亮

① 检查灯泡：检查故障灯灯泡外观是否完好；对调故障灯与非故障灯位置，判断是否为灯泡本身故障。

② 检查安定器开关：打开控制柜，检查故障灯对应的安定器开关是否在关闭“OFF”位上，如果是，拨动到打开“ON”位上。

③ 检查灯链航空插头：检查灯链航空插头是否缩针，是否存在短路烧熔情况。

④ 检查电气线路：检查线盘线路、连接线、控制柜线路是否存在异常(螺丝松动、线皮破损等现象)，检查安定器输出电压，检查十芯信号线、PLC 信号线是否异常等。

(2)玻璃管破损

① 外物击打:确认是否为外物击打造成破损。

② 内部结构:检查特氟龙垫圈是否破损、丢失;灯架花篮是否过紧,灯架是否变形、错位。

(3)温度变化过快或不显示

① 检查灯链:航空插头灯针是否弯曲或缩针,传感器底座是否松动,是否进水短路,是否传感线扭曲弯折,传感器是否损坏。

② 检查线盘:电缆线头接触是否良好,螺丝是否松动。

③ 检查控制柜:螺丝是否松动,短接线是否接好,继电器是否完好,软件是否良好。

6.2 无视频现象及处理方法

(1)黑白屏:一般因光线不足导致,应检查摄像头前端 LED 灯是否正常工作。

(2)闪屏或无视频:检查是否为高温保护(管道内温度>80℃);检查航空插头是否缩针;检查插线是否松动、接线是否断开、控制柜信号线是否松动;检查转换器是否工作正常。

6.3 电缆回收速度异常及处理方法

遇到电缆回收速度异常,人机界面不显示速度或电缆无法回收时,可按以下方法进行处理:

(1)检查往复丝杆是否卡死,月牙卡头是否磨损或垫圈是否缺失;检查拉力弹簧是否有弹性。

(2)检查 SA、SB、SG 通讯线信号是否异常,24V 是否异常,PLC 信号线是否有松动现象。

6.4 无气压显示及处理方法

(1)检查气管是否弯折或堵塞。

(2)检查气压传感器是否正常工作,检查 PLC、PSA 线是否有松动。

6.5 风机问题及处理方法

风机面板不显示或有报错:检查风机后方的引线是否松动,是否磨损断路;风机空气开关是否缺相。

6.6 发电机问题及处理方法

(1)发电机电压不稳,电流、频率数显表跳动:更换稳压模块。

(2)发电机频率降低:检查调频开关是否松动。

7 施工安全管理

7.1 安全风险识别表

施工安全管理首先要识别安全风险点，常见的安全风险种类、风险识别及防范措施，详见表 7－1 所列。

表 7－1 安全风险识别表

风险种类	风险识别	防范措施
井下有限空间作业	井下气体中毒窒息	作业前强制通风 20min，必要时连续送风； 下井前检测有毒气体及氧气含量(见表 7－2)； 配戴防毒面具或长管呼吸面罩； 使用安全带并系安全绳； 井上不少于 2 人监护，其中 1 人牵引安全绳
	井室塌方井壁隐患	必要时应先加固处理； 下井前观察井壁结构，作业中实时观察； 发现塌方迹象立即升井
井下有限空间作业	溺水	上下游都要封堵，上游双气囊封堵； 气囊气压安排专人定时检查； 新气囊要在地面试压保压； 发现水量增大立即升井

（续表）

风险种类	风险识别	防范措施
行车安全 交通安全	施工交通安全	打开的井盖必须由专人看护，完工立即恢复井盖。交通高峰时安排人员疏导车辆行人
	驾驶行车安全	车辆及驾驶员证件齐全，禁止酒后或疲劳驾驶； 车辆按时保养检查，禁止超载
临时用电	雨天或潮湿地点用电，漏电短路	要检查各用电设备接地是否牢靠，是否达到要求电阻，并要采取防雨措施，雷雨天气要停止施工，在潮湿地段的照明用电必须低于 36V
	临时配电箱不规范	按要求安装配电柜(箱)，并安装警示标志，要有专人负责管理，要经常检查试验控制组件的灵敏度，要明确标出各线路的控制名称，避免操作错误
夜间施工	噪音扰民	尽量不要在居民休息时间开机； 采用静音设备，尽量少用噪音大的设备
	施工现场警示标志和危险指示灯不全	现场放置反光警示牌，设立反光警示带，在主要路段安装频闪警示灯； 按交通法规停放设备车辆，任何路段都要留出相应的安全距离； 现场设置足够的照明设备； 施工人员穿反光背心
机具操作	电气使用不当着火	按规范使用电气设备； 电缆规格型号与用电设备相匹配； 发生火灾先切断电源，使用干粉灭火器，不得用水灭火。必要时拨打 119

表 7-2　检查井内气体安全值

气体种类	氧气	硫化氢	可燃气体	一氧化碳
安全数值	19.5%～23.5%	≤7ppm	≤10%	≤25ppm

地下有限空间作业前和作业过程中必须采取强制性持续通风措施，保持空气流通，严禁使用纯氧进行通风换气。

地下有限空间内手持电动工具、照明工具电压应不大于 24V；在潮湿环境中作业，手持电动工具及照明工具电压应不大于12V。

作业场所噪声大于85dB时，应配备耳塞或耳罩。

进入地下有限空间作业时，地上应当至少有两名监护人员；进入管道内作业时，井室内应设置专人呼应和监护，不同人员职责如下：

(1)作业负责人职责

掌握整个作业过程中存在的危险危害因素。

对照《地下有限空间作业安全确认表》，确认作业环境、作业程序、防护设施、作业人员均符合要求，方可批准作业。

及时掌握作业过程中可能出现的变化，当地下有限空间作业条件不符合安全要求时，立即终止作业。

(2)作业人员职责

接受地下有限空间作业安全生产培训，遵守地下有限空间作业安全操作规程。

正确使用地下有限空间作业安全设施设备与个人防护用品。

与监护人员进行有效的操作、报警、撤离等信息沟通。

(3)监护人员职责

接受地下有限空间作业安全生产培训，并在作业前对作业人员现场进行安全教育。

全过程掌握作业人员作业期间情况，保证在地下有限空间外持续监护，能够与作业人员进行有效的操作、报警、撤离等信息沟通。

在紧急情况时向作业人员发出撤离警告，必要时立即呼叫应急救援，并在地下有限空间外实施紧急救援工作。

严禁未经批准的人员进入作业区域。

(4)应急救援预案

应急救援预案应包括应急组织体系、职责分工以及应急救援程序和措施。每年至少组织一次综合应急预案演练或者专项应急预案演练，每半年至少组织一次现场处置方案演练。

7.2 有限空间作业装备

市政排水管网非开挖修复行业涉及的有限空间作业装备主要有：气体检测仪、气体报警仪、安全带、送风机等，详见表7－1所列。

表7－1 有限空间作业装备

	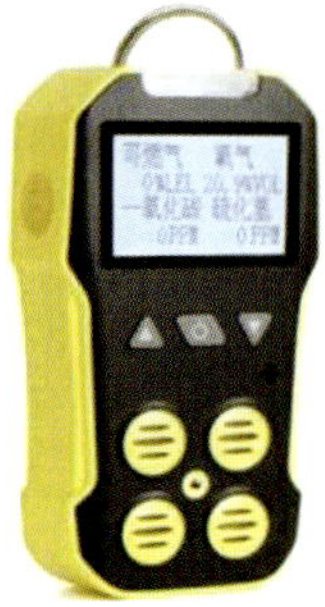	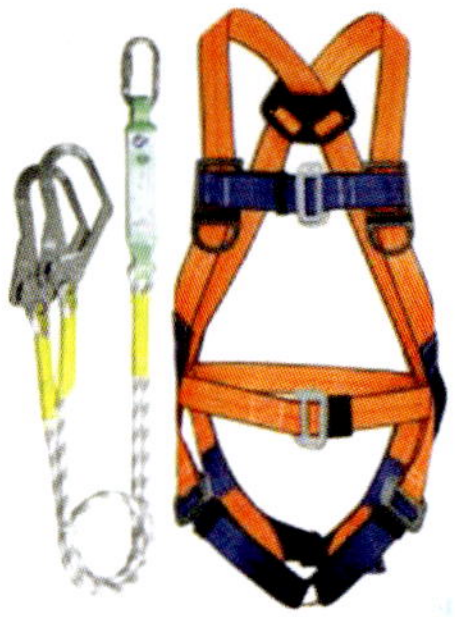
泵吸式四合一检测仪	便携式四合一报警仪	五点式安全带
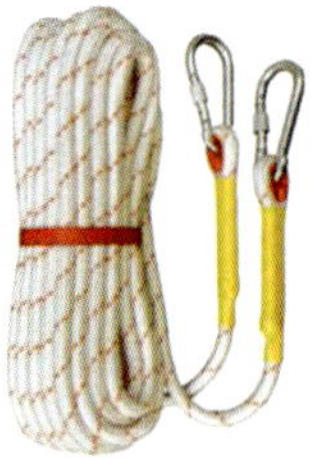		
安全绳	轴流长管送风机	轴流风机
	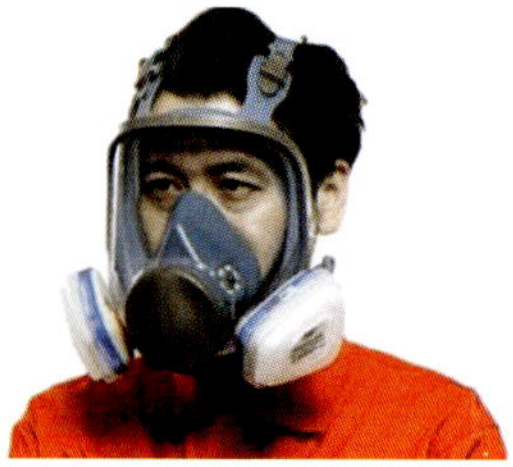	
电动送风长管呼吸器	防毒面罩	防雾眼镜

（续表）

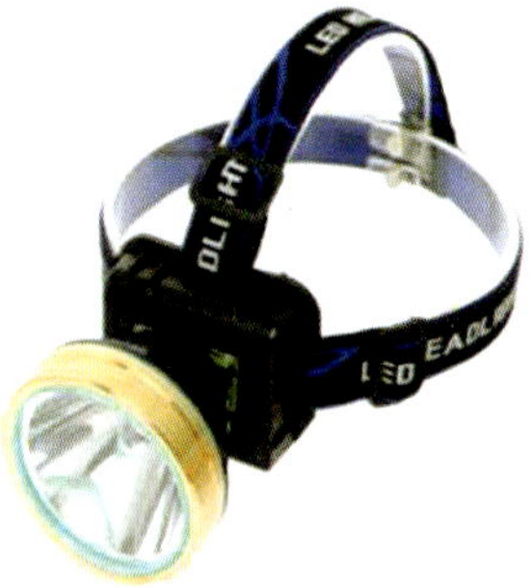	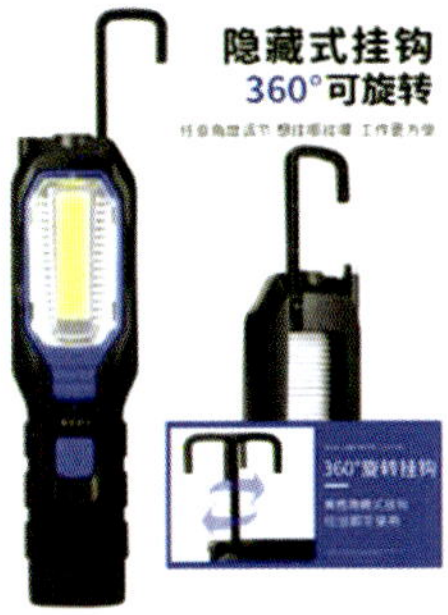	
头戴式照明灯	便携式工作灯	防水对讲机
	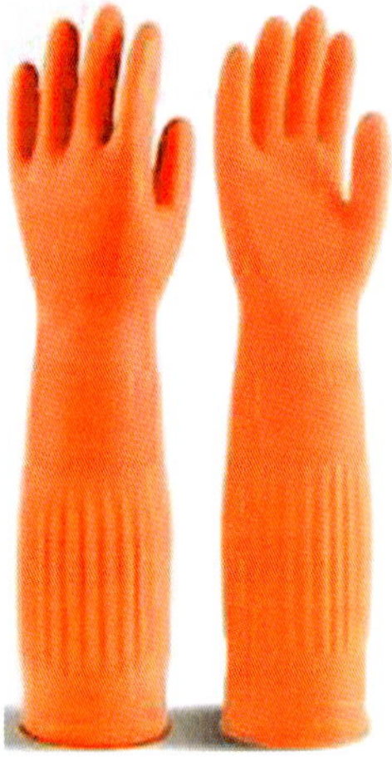	
安全帽	长胶皮手套	下水裤
		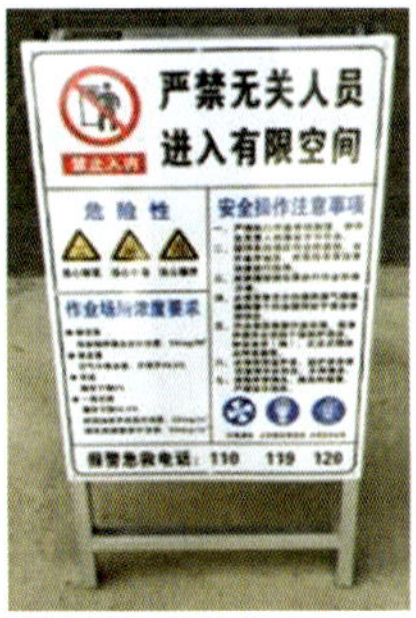
正压式呼吸器	救援三角架	有限空间作业牌

8 主要辅助施工设备

市政排水管网非开挖修复主要辅助施工设备详见表 8－1 所列。

表 8－1 主要辅助施工设备

		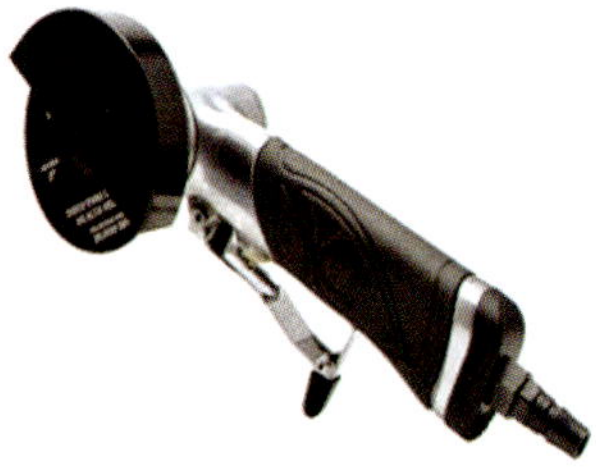
CCTV	QV	气动切割机
	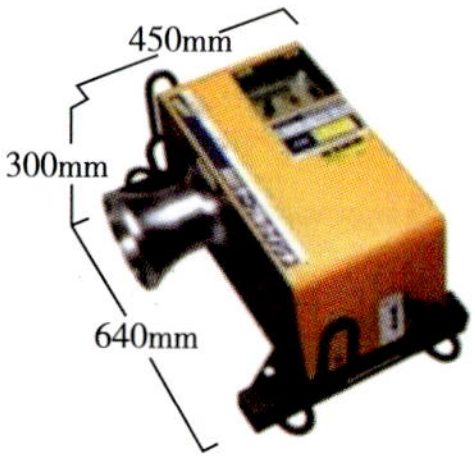	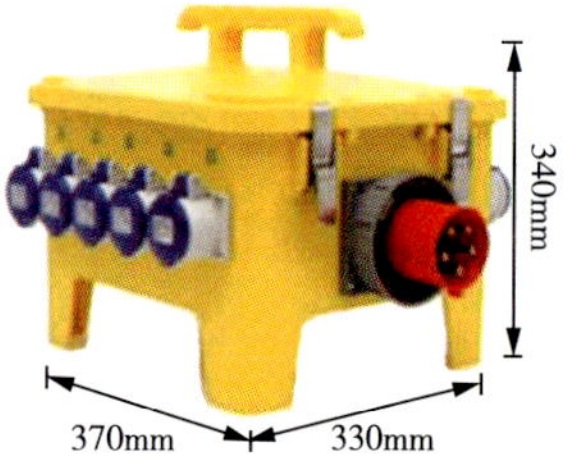
牵引机（卷扬机）		配电箱

（续表）

固定口径气囊	变径气囊	中孔打压变径气囊
		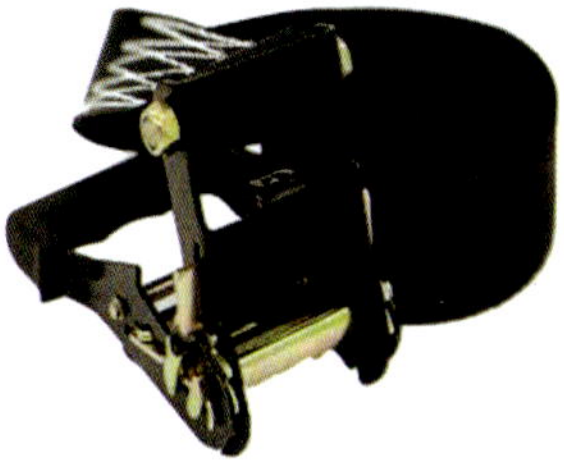
扎头	分体扎头	捆扎带

小型污水泵	液压渣浆泵	大型渣浆泵
		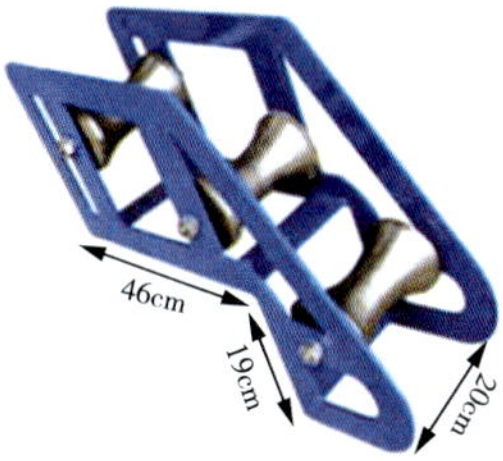
长杆泥浆泵	水带	井口滑轮

9 施工流程

一个完整的 UV-CIPP 项目施工流程见表 9－1 所列，具体细节详见后续各章节。

表 9－1 UV-CIPP 项目施工流程

步骤	工作内容
清淤检测	通过视频判断是否满足内衬条件，测量管径和距离
↓	
软管定制	按要求提供相关数据，下订单
↓	
班前会议	安全技术交底，安排施工内容
↓	
现场围护	围护工作区域，无关人员禁止入内
↓	
二次封堵清淤	彻底清淤，预备临时抽水设备
↓	
管道预处理	对漏水点、水泥块等预处理，达到内衬要求条件
↓	
软管开箱检查	核对软管数据，软管外观检查
↓	

（续表）

步骤	工作内容
捆绑牵引头	捆绑牢固，安装旋转吊钩
↓	
铺设底膜	底膜固定牢固
↓	
拉入软管	按要求折叠软管，缓慢拖拉软管，禁止暴力拖拉
↓	
安装扎头	扎头不能损伤内膜
↓	
固化设备试机	在地面上试机，检查设备是否正常
↓	
安装固化灯	使用导灯膜安装固化灯
↓	
拉固化灯	缓慢拉固化灯，检查软管内部是否正常，充气保压
↓	
软管固化	升至固化压力，按厂家要求的数据固化
↓	
降温卸压	在固化压力下保压降温，冷却后关闭风机
↓	
端口切割密封	切齐端口，密封接缝
↓	
功能性实验	闭水或闭气实验

10　施工准备工作

10.1　班前会议

开工前应组织项目所有人员开班前会议，总结前一天工作不足，布置当天工作任务，安全技术交底，检查施工手续、文件、表格等是否齐全。

10.2　现场围挡

施工前对施工区域进行临时围挡，设置安全警示牌，禁止无关人员进入，提醒过路行人，疏导车辆通行，如图 10－1(a)、(b)所示。

（a）　　　　　　　　　　（b）

图 10-1　现场围挡

10.3　封堵降水

管段上下游都应封堵，当水深超过 1m，上游来水方向应采用双气囊或砌封墙，如图 10-2 所示。施工中应定时观察上游水位及气囊压力，防止气囊失效或冒井。

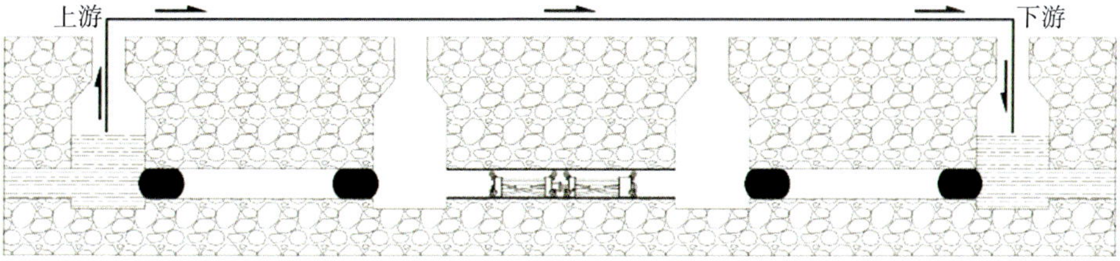

图 10-2　封堵调水示意图

对需封堵的检查井进行降水[如图 10-3(a)、(b)]、通风，并检测有毒有害气体，达到安全标准后，操作人员下井清理待修复段上下游 2m 内管道及井底杂物，放入气囊。充气达到 0.05MPa 时应撤出作业人员，继续加压至气囊设计压力。打气泵需保持满气状态，并置于井口旁边备用。

(a)

(b)

图 10-3 降水现场图

10.4 管道预处理

修复前应使用高压水枪对原管道进行冲洗，不同障碍物和附着物对应水枪压力见表 10-1 所列。

表 10-1 高压水枪清洗压力表

障碍物类型	射水压力(MPa)
淤泥、疏松岩层	10
轻度燃油残留质、铝质物体	21
疏松混凝土、砂石和泥土层、疏松漆层锈层	32
管内混凝土、铸铁件模型、石灰层、石化垢层	42～70
混凝土、石灰石、厚层煤渣	70～105

原管道有沉降、变形、破损和接头错位的部位，应先进行修复处理，见表 10-2 所列；不应有影响施工的积水，不应有渗水

现象。

表 10－2　管道缺陷及预处理方法

缺陷	预处理方法
错口	1. 轻微错口通常不做处理； 2. 如果错口严重，管径缩小较多时应人工或机器破拆突起部分； 3. 人工在突起处涂抹水泥沙浆，修筑成缓坡
脱节	1. 轻微脱节通常不做处理； 2. 如果脱节处严重漏水或土壤流失严重，小管道做局部内衬加固止水，大管径采用人工砌筑的方式封堵脱节部位
漏水	1. 轻微滴水可不做处理； 2. 小管径用局部内衬或外部注浆； 3. 大管径用内部注浆或人工封堵
水泥块、钢筋	人工或使用铣刀疏通器切除
油块	用链条疏通器清理
支管暗接	切除后从内部或外部封堵

预处理后管道内应无淤泥、石块、垃圾等沉积物，表面应洁净，应无影响内衬修复的附着物、尖锐毛刺、突起物等。

10.5　软管开箱检查

开箱检查包装信息和软管信息是否与待修管道一致，检查垫膜、扎头布等配套材料是否满足施工要求，如图 10－4 所示，检查合格证是否满足设计要求。

拉出软管检查软管状态，如图 10－5 所示。需裁剪的长软管，应先确认米数准确，裁剪时应有遮光措施，避免阳光直射，裁剪后应立即使用专用防紫外线辅材封严裁切口，整齐折叠装箱并标记剩余长度。

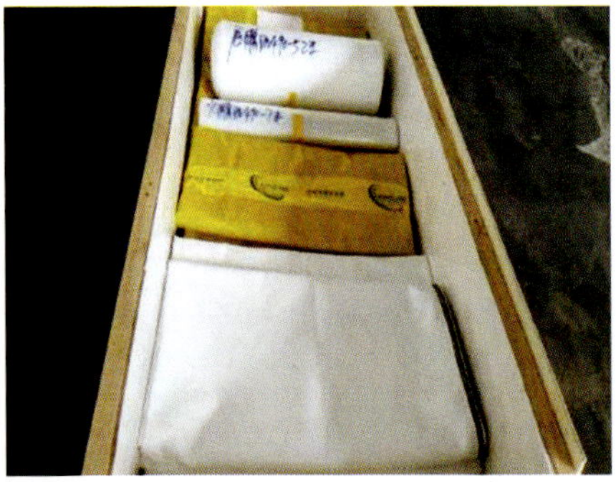

图 10-4　开箱状态

图 10-5　拉出软管状态

11　施工技术要求

11.1　拖管方向

软管拖入管道前后，商标面均需朝上，应顺向拖入管道，如图 11－1 所示；不建议翻转式拖入管道，如图 11－2 所示。大管径施工时尽量利用原管道坡度，从上游向下游拖入管道。软管包装木箱定位时应预留折叠软管的场地，建议与检查井口间隔 4～6m。

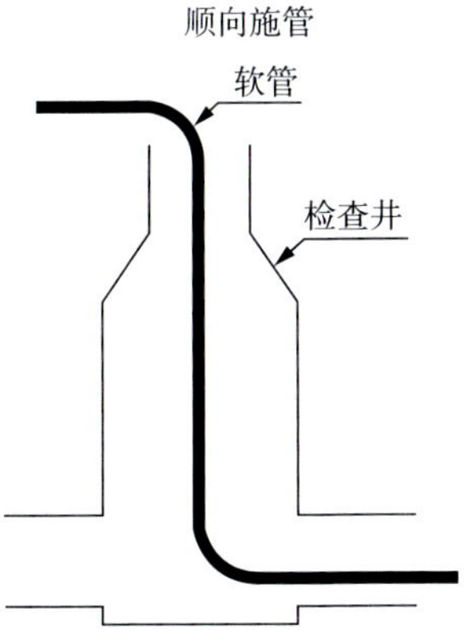

图 11－1　顺向拖管

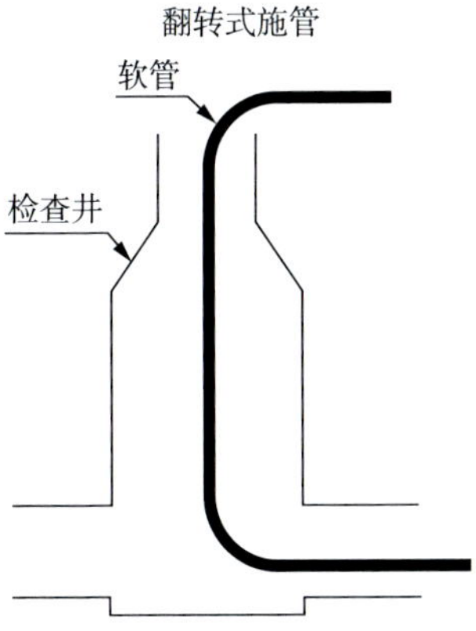

图 11－2　翻转式拖管

11.2　捆绑牵引头

折叠区地面应铺设防护垫，防止地面划破外膜。使用捆绑带、配合扎头布捆绑牵引头，如图 11－3(a)、(b)所示。

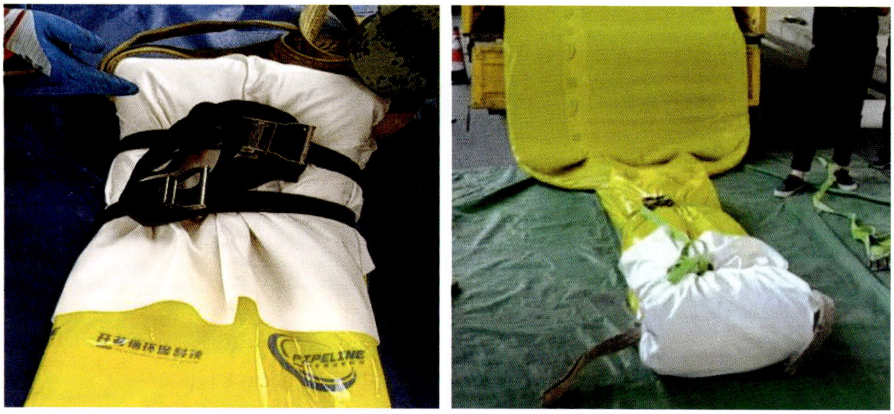

(a)　　(b)

图 11－3　捆绑牵引头

11.3　铺设垫膜

应提前在原管道底部铺设垫膜，如图 11－4(a)、(b)所示，防止软管拉入时被划破，垫膜宽幅应大于原管道周长 1/3、小于原管道周长 1/2。垫膜在原管道两端固定牢固。严禁垫膜和软管捆绑后同时拖入管道。

(a) (b)

图 11－4　铺设垫膜

11.4　软管折叠

为了方便软管安全、顺利进入待修复管道，需要将软管进行折叠。应采用两侧折叠的方式，如图 11－5 所示；不宜单侧对折，如图 11－6 所示，单侧对折方式的软管在管道中易发生扭曲。

折叠时应紧握包括外膜、玻纤、内膜在内的整个软管，严禁仅通过拉拽外膜进行折叠操作。

图 11－5　双侧折叠

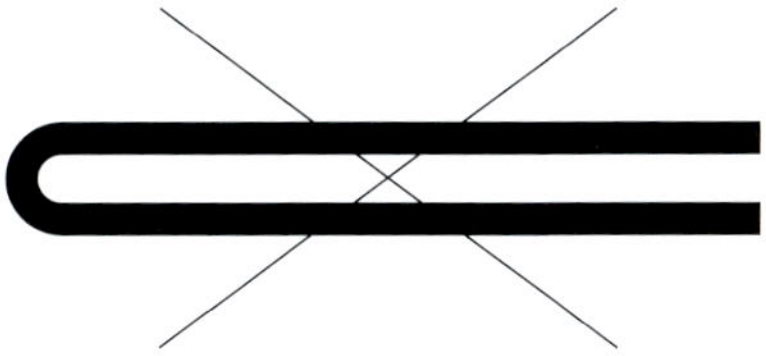

图 11－6　单侧折叠

11.5　软管拖入管道

地面应铺设防护垫，避免软管拉入时与地面摩擦，损坏外膜。

软管拖入时井口应安装导轮，如图 11－7 所示，防止井壁划伤软管外膜，必要时井底也安装导轮。折叠好的软管应先人工送入井底，如图 11－8 所示，禁止用牵引机直接把软管从地面上拖入管中。

图 11－7　井口安装导轮

图 11－8　人工送入井底

软管拖入时必须安装自旋转的万向吊钩。应沿管底的垫膜将软管平稳、缓慢地拖入原管道，牵引速度和牵引力应根据制造商提供的数值而定，拖入软管的速度应控制在 6～8m/min。UV-CIPP 内衬软管承受的最大拉力应符合表 11－1 中所列的要求。

表 11－1　UV-CIPP 内衬软管承受的最大拉力

管径（mm）	承受最大拉力（kN）	管径（mm）	承受最大拉力（kN）
DN200	29	DN800	225
DN300	40	DN900	250
DN400	55	DN1000	340
DN500	100	DN1100	450
DN600	125	DN1200	500
DN700	190	DN1500	500

为方便捆绑扎头，确保管口能与原管道紧密贴合，软管两端伸出原管道的长度应符合表 11－2 中所列的要求，切除多余软管。

表 11－2　软管两端伸出管道长度

软管管径(mm)	管口伸出长度(mm)
DN≤500	≥500
500<DN≤800	≥800
DN>800	≥1000

11.6　捆绑扎头及扎头布

选择与软管匹配的扎头，为防止扎头划伤内膜，建议扎头外部缠绕塑料膜。扎头应缓慢塞入软管内膜中，用棘轮捆扎带或铁丝捆绑器把软管与扎头捆绑牢固，每个捆绑器接头应错开一定角度。保持扎头的鼓风机接口朝正上方。

软管两端及中间井裸露的部分都应包裹扎头布，如图 11－9、图 11－10 所示，扎头布伸入管道 20～25cm。

如果井底有少量积水，应垫高扎头，防止水进入软管。充气打压过程中原管道内存在的少量积水可能会被挤压至检查井时，应及时抽出。

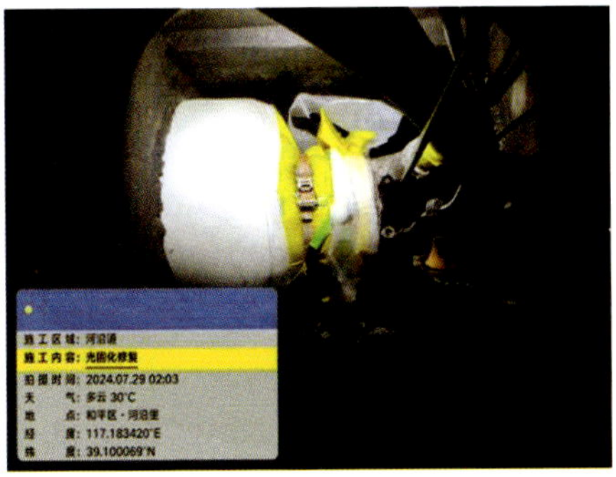

图 11－9　端头扎头布保护

图 11－10　中间井扎头布保护

11.7 固化灯送入软管

为防止固化灯划伤软管内膜，应使用导灯膜在软管充压条件下把灯架缓慢送入软管中，如图 11－11(a)、(b)所示，软管气压控制在 0.1bar 左右，以软管撑圆为准。

固化灯完全进入软管后，依次安装电缆接头、扎头盖、风机气管、测压气管、电缆堵头。

(a)

(b)

图 11－11　灯具送入导灯膜

11.8 牵引固化灯

软管第二次充气打压时，可通过紫外光灯架上的摄像头观察软管内部情况，确保材料充分舒展后，可缓慢牵引固化灯；对于未完全舒展区域，固化灯不可强行通过，应适当提高充气压力和保压时间，待软管完全舒展后，再继续牵引。

11.9 软管固化

固化压力值应根据内衬的管径与壁厚，并参考软管供应商所给出的参数表（见表 11－3）综合计算。压力达到指定数值时，保压时间应不少于 10min。选择紫外光灯的灯架型号、功率、数量以及固化巡航速度时，应参考软管供应商提供的参考表。

表 11－3 固化压力参考

管径（mm）	DN200～500	DN600～1000	DN1200～1600
压力（bar）	0.35～0.4	0.25～0.30	0.2～0.25

扎头固定后，在软管 3 点、9 点、12 点钟方向各开一个长度 3～5cm 的排气口，管径大于 DN1000mm 时可适当增加排气口数量。排气口深度以划至最外层玻纤为准。

注意开灯顺序，从最接近软管端头的灯管开始，依次开启固化灯，相邻两灯的开启间隔参考软管供应商提供的参数表。

11.10 降温卸压

软管固化完成后，依照开灯顺序，依次关闭各个灯管，相邻两灯的关闭间隔时间与开启间隔相同。

为防止材料固化后快速冷却导致收缩开裂，关闭固化灯后应继续保压；当管内温度降至 40～50℃时，缓慢降低压力，降压速度不应大于 0.1bar/min。

11.11 端口切割及密封

内衬管端部应切割整齐，并露出检查井壁 2～5cm。当端口处内衬管与原有管道结合不紧密时，在内衬管与原管道之间应采用与内衬或树脂兼容的材料密封。

11.12 施工记录

施工过程中应对固化压力、固化温度、固化时间、紫外光灯的巡航速度、冷却温度、冷却时间、冷却压力等原始数据作记录。

12 内衬管质量检测

内衬管质量检测包含主控项目和次控项目，详见表12－1所列。

表12－1 内衬管质量检测项

主控项目	短期弯曲强度、弯曲模量、抗拉强度、密实性、平均厚度、外观质量、表面硬度
次控项目	树脂类型、耐酸碱腐蚀性、苯乙烯残留量

12.1 修复后外观质量

修复后的管道不能出现滴漏、线漏等渗水现象。内衬管内表面应光洁，无局部孔洞、裂纹和软弱带，局部划伤、磨损、气泡或干斑的出现频次每10m不应大于1处。

内衬管褶皱应满足设计要求，当设计无要求时最大褶皱不应超过6mm。内衬管应与原有管道贴附紧密。内衬管起点和终点端头应切割整齐，应露出检查井壁2～5cm，且密封良好。

12.2 壁厚测量

内衬管管壁厚度平均值不小于设计值。

12.3 固化硬度测量

用巴氏硬度计测量固化内衬管的内外侧表面硬度，如图 12－1、图 12－2所示，分别取 3 个位置记录平均值，内外侧平均值应大于 40HBa（巴氏硬度值）。

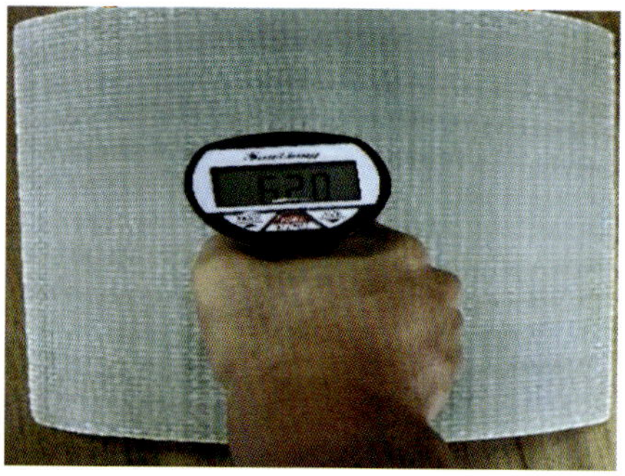

图 12－1 外侧固化硬度

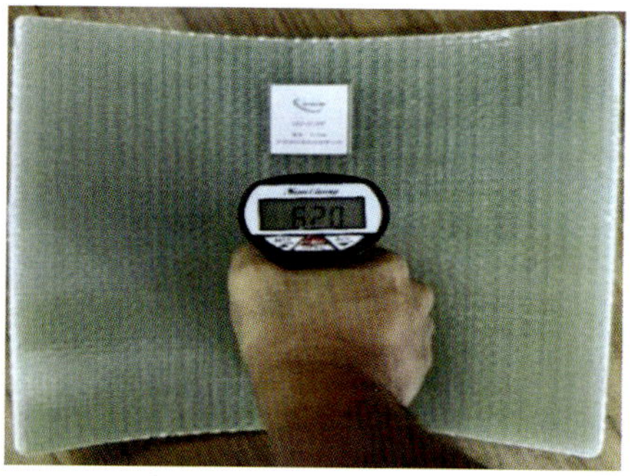

图 12－2 内侧固化硬度

12.4 第三方样品检测

行业规范中的第三方检测内容及标准见表 12－2 所列。

固化后首选在中间井位置进行取样，中间井固化过程中需有扎头布防护、约束。若无中间井，可在具有与管径相匹配的扎头布约束的端头进行取样，应保证取样区域与整段材料保持一致的紫外线照射强度。样品不宜选取过度膨胀、因捆绑带造成褶皱、遇水发白、富树脂等区域。

表 12-2　第三方检测内容及标准

力学性能	CJJ/T 210—2014	T/CECS 717—2020
弯曲强度（MPa）	＞45	＞125
弯曲模量（MPa）	＞6500	＞8000
抗拉强度（MPa）	＞62	＞80
厚度	平均值不小于设计文件	
密实性	无渗漏	

13 严密性试验

《城镇排水管道非开挖修复更新工程技术规程》(CJJ/T 210—2014)中7.4章节中规定：内衬管安装完成，内衬管冷却到周围土体温度后应进行管道严密性试验。

严密性试验可分为闭水试验或闭气试验。

局部修复管道可不进行闭气或闭水试验。

闭气试验请查看《城镇排水管道非开挖修复工程施工及验收规程》(T/CECS 717—2020)第19.3章节。

13.1 不做严密性试验条件

《城镇排水管道非开挖修复更新工程技术规程》(CJJ/T 210—2014)中7.4.2规定：当管道处于地下水位以下，管道内径大于1000mm，且试验用水困难或管道有支管、连管接入或临时排水有困难时，可按现行国家标准《给水排水管道工程施工及验收规范》(GB 50268—2008)混凝土结构无压管道渗水量测与评定方法的有关规定进行检查并做好记录。经检查，修复更新管道应无明显渗水，不得有滴漏、线漏等现象。

13.2 闭水试验方法及要求

闭水试验法应按设计要求和试验方案进行，应符合现行国家标准《给水排水管道工程施工及验收规范》(GB 50268—2008)中9.3章节无压管道闭水试验的有关规定。

冬季进行管道闭水试验时，应采取防冻措施。

试验管段应按井距分隔，抽样选取，宜带井试验。

管道闭水试验时，试验管段应符合下列规定：

(1)管道及检查井外观质量应已验收合格。

(2)全部预留孔应封堵，不得渗水。

(3)管道两端堵板承载力经核算应大于水压力的合力，除预留进出水管外，应封堵坚固，不得渗水。

(4)注浆孔应封堵，管道端口应按设计要求密封处理。

管道闭水试验应符合下列规定：

(1)试验段上游设计水头不超过管顶内壁时，试验水头应以试验段上游管顶内壁加2m计。

(2)试验段上游设计水头超过管顶内壁时，试验水头应以试验段上游设计水头加2m计。

(3)计算出的试验水头小于10m，但已超过上游检查井井口时，试验水头应以上游检查井井口高度为准。

管道闭水试验时，实测渗水量应小于或等于允许渗水量。允许渗水量应按下式计算：

$$Q_e = 0.0046 D_L$$

式中：Q_e——允许渗水量[$m^3/(24h \cdot km)$]；

D_L——试验管道内径(mm)。

14 UV-CIPP 软管外观常见问题分析及预防

14.1 包装箱损坏

包装箱损坏的状态如图 14－1(a)、(b)所示，问题描述及分析见表 14－1 所列。

(a) 立柱断裂　　(b) 面板破损

图 14－1　包装箱损坏的状态

表 14－1 包装箱损坏

问题描述	软管包装箱在装卸前或装卸中损坏
原因分析	1. 装卸方式不正确，吊具选用不当； 2. 木箱长时间被雨淋，自身强度下降； 3. 物流运输过程中防护不到位
处理方法	查看软管材料是否破损，如无破损可正常使用
预防措施	1. 下单时提前沟通装卸方式，做好木箱对应防护； 2. 确保木箱运输过程中的防护

14.2 软管外层漏胶

软管外层漏胶问题描述及分析见表 14－2 所列。

表 14－2 软管外层漏胶

问题描述	树脂渗透到防水膜外层或从外膜流出
原因分析	1. 存储温度过高，树脂流动性增加； 2. 树脂过量，稠化时间过短，流动性强； 3. 外膜及防水膜在低温下变脆，转角折痕处易破裂
处理方法	清洁流出的树脂，使用软管供应商提供的防腐蚀胶带密封破口，检查软管状态无其他异常后，可正常施工
预防措施	1. 夏季现场应暂存于阴凉、通风、干燥场所，温度低于 30℃； 2. 夏季施工应对材料进行遮阳保护，避免较长时间阳光直射； 3. 冬季现场暂存应有保温措施，温度宜控制在 18～25℃

14.3 软管变硬

软管变硬问题描述及分析见表 14－3 所列。

表 14-3　软管变硬

问题描述	开箱即发现软管变硬或软管拖出箱体后变硬
原因分析	1. 夏季软管长时间高温环境下存储； 2. 软管从木箱内拖出，在下井前受较长时间阳光直射
处理方法	重新订购材料
预防措施	1. 夏季现场应暂存于阴凉、通风、干燥场所，温度低于 30℃； 2. 夏季施工应对材料进行遮阳保护，避免较长时间阳光直射

15 UV-CIPP 软管固化常见问题分析及预防

15.1 软管进水泛白

软管进水泛白如图 15－1 所示，问题描述及分析见表 15－1 所列。

图 15－1 软管进水泛白

表 15-1 软管进水泛白

问题描述	固化后呈现乳白色
原因分析	1. 原管道有积水，下料过程中黄膜和防水膜破损，水进入树脂层； 2. 扎头没有捆扎好，水从扎头处流入软管
处理办法	重新订购材料内衬
预防措施	1. 预处理到位，原管道没有渗水，且原管道内没有影响施工的积水； 2. 下料过程中注意对材料的防护，避免黄膜破损； 3. 扎头应捆绑牢固，扎头下部适当垫高

15.2 软管进气泛白

软管进水泛白如图 15-2 所示，问题描述及分析见表 15-2 所列。

图 15-2 软管进气泛白

表 15-2 软管进气泛白

问题描述	树脂与内膜间进气，有明显气道泛白，固化后形成表面有毛刺，在灯亮照射下反光呈现白色

（续表）

原因分析	1. 置换灯绳、送入固化灯、捆绑扎头过程中造成内膜损伤； 2. 扎头捆绑时，内膜未完全套住扎头，充气过程中有气体进入玻纤树脂层
处理方法	检测强度和固化度是否满足规范和设计要求；外观是否满足验收要求；视情况分析决定是否采用二次修复
预防措施	1. 置换灯绳、送入固化灯等环节按规范操作，避免损伤内膜； 2. 及时清理扎头上异物，建议使用缠绕膜进行包裹防护，确保气体不进入玻纤树脂层

15.3 环形褶皱

环形褶皱如图 15－3(a)、(b)所示，问题描述及分析见表 15－3 所列。

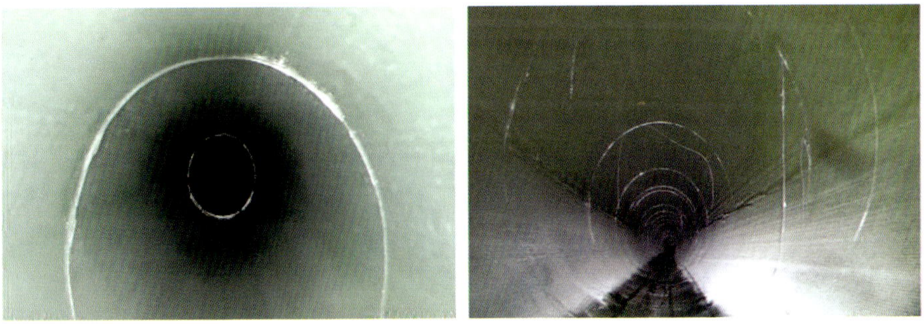

（a）　　（b）

图 15－3　环形褶皱

表 15－3　环形褶皱

问题描述	固化后出现环形或月牙形褶皱
原因分析	1. 原管道内径测量错误，软管定制尺寸偏大； 2. 原管道内错口、脱节等缺陷造成的； 3. 软管和垫膜同时拖入管道

（续表）

处理方法	1. 增加固化压力和保压时间，可缓解褶皱程度； 2. 检测强度和固化度是否满足规范和设计要求，外观是否满足验收要求，视情况分析决定是否采用二次修复
预防措施	1. 使用十字交叉法测量原管道内径，确保软管材料与待修复管道管径匹配； 2. 按规范对原管道进行预处理； 3. 严禁软管和垫膜同时拖入管道

15.4 纵向褶皱

纵向褶皱如图 15－4(a)、(b)、(c)、(d)所示，问题描述及分析见表 15－4 所列。

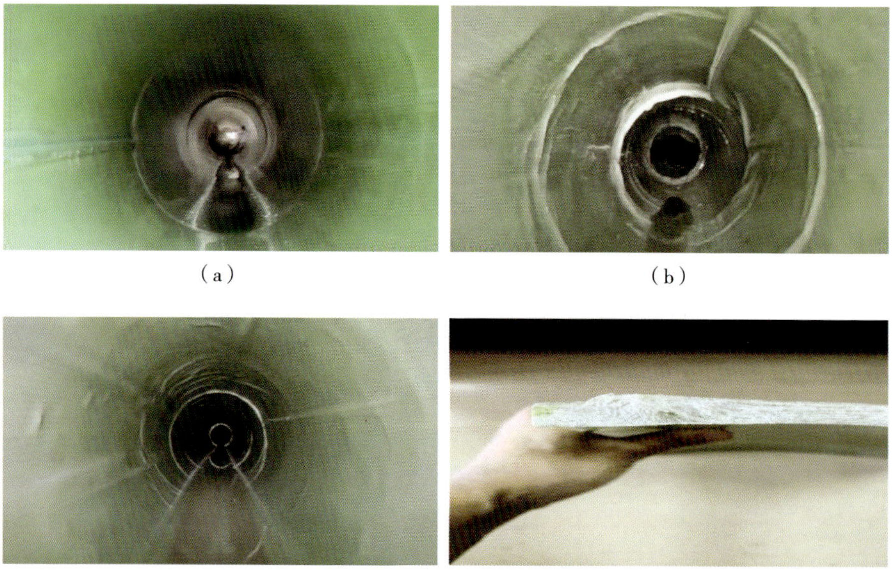

(a) (b) (c) (d)

图 15－4 纵向褶皱

表 15－4　纵向褶皱

问题描述	管道全段或局部纵向褶皱
原因分析	1. 原管道内径测量错误，软管定制的尺寸大； 2. 原管道内径不一致，内部缩径
处理方法	1. 固化前如增加压力和保压时间不能缓解，将软管拖出，重新订购准确管径的材料； 2. 固化后切除突起部位，重新订购材料内衬
预防措施	使用十字交叉法测量原管道内径，确保软管材料与待修复管道管径匹配

15.5　螺旋褶皱

螺旋褶皱如图 15－5(a)、(b)所示，问题描述及分析见表 15－5 所列。

(a)　　(b)

图 15－5　螺旋褶皱

表 15－5　螺旋褶皱

问题描述	螺旋麻花状褶皱
原因分析	1. 软管下井过程中出现扭曲旋转； 2. 软管折叠方式不正确； 3. 扎头捆绑时软管旋转； 4. 牵引机未安装旋转吊钩； 5. 垫膜没固定牢固，拖管时垫膜发生聚集

（续表）

处理方法	1. 固化前螺旋状态处理：充气打压，卸压后使用牵引机拉展软管，反复操作直至螺旋处完全舒展； 2. 固化后螺旋状态处理：切除突起部位，重新订购材料内衬
预防措施	软管按规范折叠、下井

15.6 鼓包突起

鼓包突起如图 15－6 所示，问题描述及分析见表 15－6 所列。

图 15－6　鼓包突起

表 15－6　鼓包突起

问题描述	软管局部有明显的突起
原因分析	1. 原管道未清理平整； 2. 垫膜没固定牢固，拖管时垫膜发生聚集

（续表）

处理方法	1. 固化前鼓包突起：拖出软管，采用机械方式清理突起部位； 2. 固化后鼓包突起：检测强度和固化度是否满足规范和设计要求，外观是否满足验收要求，视情况分析决定是否采用二次修复
预防措施	原管道按规范进行预处理

15.7 与原管道不贴合

与原管道不贴合如图 15－7(a)、(b)所示，问题描述及分析见表 15－7 所列。

(a)

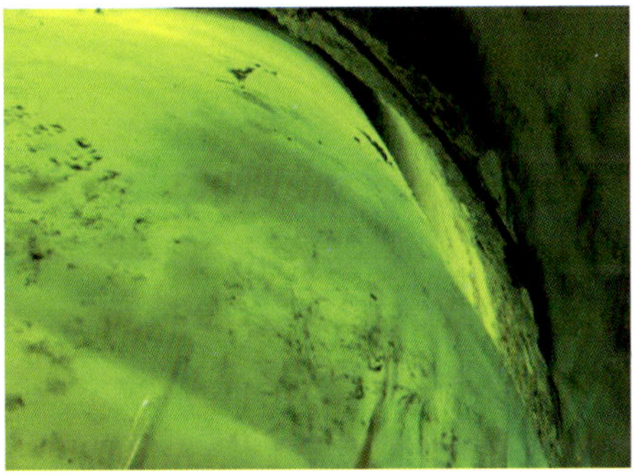

(b)

图 15－7 与原管道不贴合

表 15－7 与原管道不贴合

问题描述	固化后内衬管与原管道内壁有间隙
原因分析	1. 原管道内径测量错误，软管定制尺寸偏小； 2. 施工过程中充气压力过低，材料未能充分舒展； 3. 原管道腐蚀严重，局部扩径； 4. 扎头直径小或软管伸出井口长度短，管口区域不贴壁

（续表）

处理方法	1. 固化前确认施工气压在软管供应商提供的固化压力范围内。 2. 如仅有管口区域不贴壁，更换直径匹配的扎头；如全段不贴壁，咨询软管供应商材料膨胀性能；膨胀安全范围内，可通过增加气压和保压时间改善；膨胀安全范围外，将软管拖出，重新订购准确管径的材料。 3. 固化后间隙内注浆填充
预防措施	1. 使用十字交叉法测量原管道内径，确保软管材料与待修复管道管径匹配； 2. 原管道局部扩径 2cm 以上，按变径管订购材料

15.8 树脂气味大

树脂气味大问题描述及分析见表 15－8 所列。

表 15－8 树脂气味大

问题描述	井下作业人员感觉树脂气味大
原因分析	不饱和树脂都含有挥发性的成份苯乙烯，井下有限空间内作业易出现苯乙烯气体浓度过高情况
处理方法	1. 井下强制通风； 2. 配戴便携式气体检测仪； 3. 井下作业佩戴防毒面具
预防措施	按地下有限空间安全作业规范施工

15.9 未完全固化

未完全固化问题描述及分析见表 15－9 所列。

表 15 - 9　未完全固化

问题描述	内衬管外层树脂未完全固化，巴氏硬度小于 40
原因分析	1. 紫外光灯故障，辐照强度不足； 2. 固化灯功率、灯架尺寸与材料不匹配； 3. 灯架行进速度过快，照射时间过短； 4. 灯架未拉至端头，造成端头固化时的辐照强度不足
处理方法	1. 地面开灯测试固化灯状态； 2. 参考软管供应商提供的固化灯功率、行进速度等参数，选择合适的固化设备和固化速度
预防措施	1. 形成下灯前地面开灯测试的工作流程； 2. 参考软管供应商提供的建议固化参数，结合端头实际固化时间，确认固化巡航速度

15.10　裂　纹

裂纹如图 15 - 8(a)、(b)所示，问题描述及分析见表 15 - 10 所列。

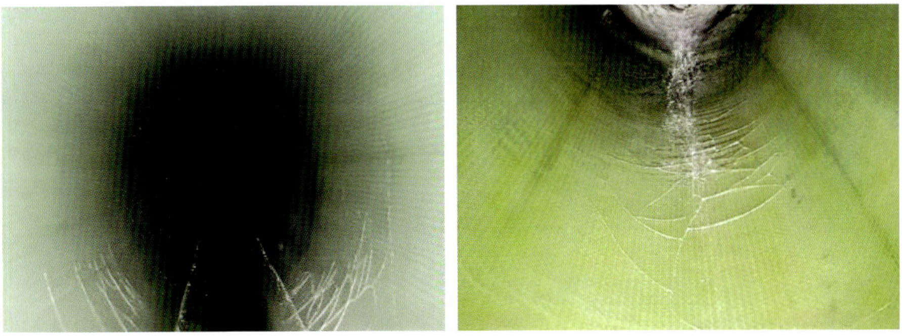

(a)　　(b)

图 15 - 8　裂纹

表 15-10 裂纹

问题描述	固化后内衬管内、外表面有裂纹
原因分析	1. 固化灯功率、灯架尺寸与软管材料不匹配； 2. 固化灯照射时间过长； 3. 固化后充气保压时间不足
处理方法	重新订购材料内衬
预防措施	1. 选择固化灯功率、灯架尺寸与软管材料相匹配的固化设备； 2. 参考软管供应商提供的固化参数，设置合理的固化巡航速度； 3. 关闭固化灯后继续保压，当监测温度降至 40～50℃时，缓慢降低管内压力，降压速度不应大于 0.1bar/min

15.11 内膜粘连

内膜粘连如图 15-9(a)、(b)所示，问题描述及分析见表 15-11 所列。

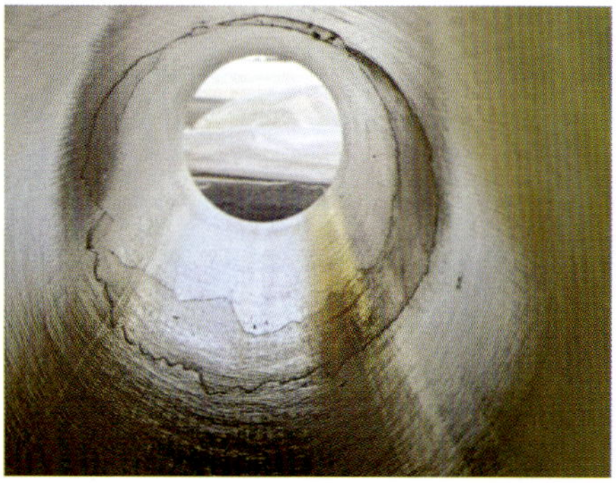

(a)

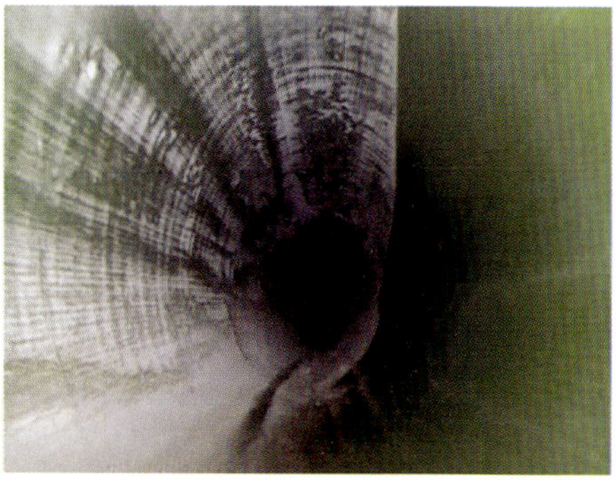

(b)

图 15-9 内膜粘连

表 15－11　内膜粘连

问题描述	固化后内膜拉出过程中内膜撕裂，与树脂层粘连，内膜不能完全脱出
原因分析	1. 固化温度超过 120℃，内膜局部熔化； 2. 内膜过度膨胀并变薄，耐温能力降低
处理方法	反向重新脱膜，必要时可使用高压水枪配合
预防措施	1. 合理控制固化时间，控制固化温度不超过 110℃； 2. 使用十字交叉法测量原管道内径，确保软管材料与待修复管道管径匹配

15.12　纵向白线胶条

纵向白线胶条如图 15－10(a)、(b)、(c)所示，问题描述及分析见表 15－12 所列。

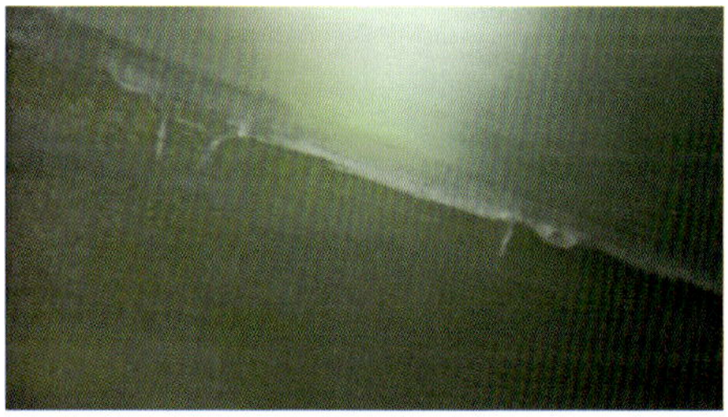

(a)

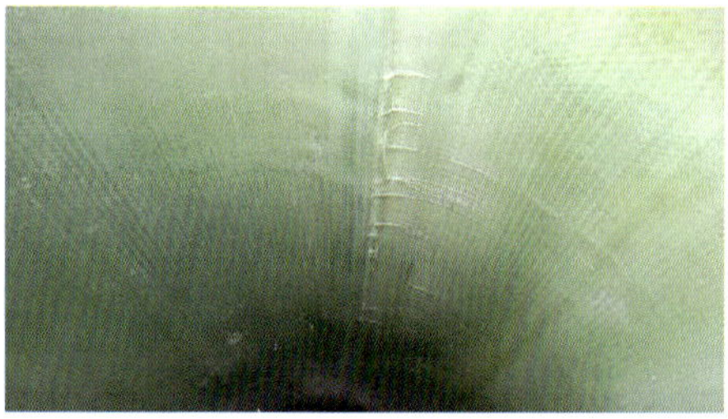

(b)

(c)

图 15－10　纵向白线胶条

表 15 - 12　纵向白线胶条

问题描述	固化后内衬管出现纵向白线胶条
原因分析	1. 原管道内径测量错误，软管定制的尺寸大； 2. 原管道内径不一致，内部缩径
处理方法	1. 固化前如增加压力和保压时间不能缓解，将软管拖出，重新订购准确管径的材料； 2. 固化后重新订购材料内衬
预防措施	使用十字交叉法测量原管道内径，确保软管材料与待修复管道管径匹配

15.13　底部隆起破裂

底部隆起破裂如图 15 - 11 所示，问题描述及分析见表 15 - 13 所列。

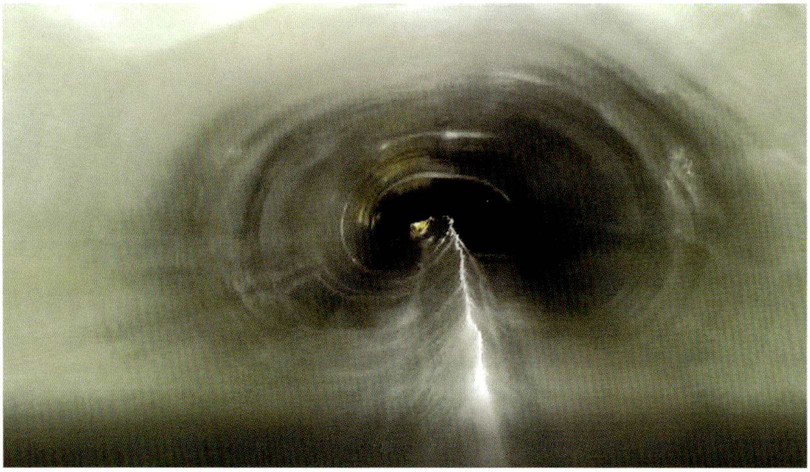

图 15 - 11　底部隆起破裂

表 15－13　底部隆起破裂

问题描述	固化后内衬管底部隆起破裂
原因分析	1. 内衬管壁厚不符合设计要求； 2. 软管固化不彻底，外侧固化强度不达标； 3. 软管进水，固化后强度降低； 4. 原管道渗水量大，因内衬软管与原管道之间积水导致软管隆起，固化后开裂
处理方法	1. 使用快速锁或双胀圈局部修复； 2. 切除突起部位，重新订购材料内衬
预防措施	1. 按规范进行原管道预处理，封堵渗水部位，管道内不能有影响固化的积水； 2. 严格按照设计厚度定制软管材料

15.14　内壁色差

内壁色差如图 15－12(a)、(b)所示，问题描述及分析见表 15－14 所列。

(a)

(b)

图 15－12　内壁色差

表 15-14 内壁色差

问题描述	固化后视频中内壁有色差，常呈现不均匀黄色或黑色
原因分析	1. 优质的不饱和树脂具有较高的透明度，因原管道内壁不平整，在 CCTV 的强光照射下易产生视觉色差； 2. 局部黄色为外层黄膜颜色，局部黑色为下料过程中黄膜破损，原管道残留污水进入黄膜和防水膜之间
处理方法	检测强度和固化度是否满足规范和设计要求，外观是否满足验收要求，视情况分析决定是否采用二次修复
预防措施	1. 预处理到位，管道内不能有影响施工的积水； 2. 软管下井过程中避免划破黄膜

15.15 内膜自行脱落

内膜自行脱落如图 15-13 所示，问题描述及分析见表 15-15 所列。

图 15-13 内膜自行脱落

表 15－15　内膜自行脱落

问题描述	固化卸压后内膜自行脱落
原因分析	内膜质量问题
处理方法	1. 待固化灯降至常温后再卸压，避免内膜覆盖高温灯具引起火灾； 2. 当内膜局部自行脱落，致使无法使用翻转法脱膜时，可使用 CCTV 机器人在脱落部分的内膜上爬行，待内膜完全脱落后取出
预防措施	软管供应商更换高品质内膜

15.16　固化后玻纤分层

固化后玻纤分层如图 15－14(a)、(b)所示，问题描述及分析见表 15－16 所列。

(a)

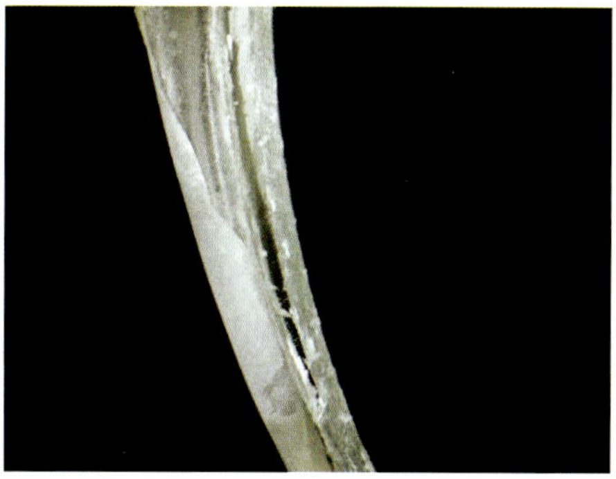

(b)

图 15－14　固化后玻纤分层

表 15－16　固化后玻纤分层

问题描述	固化后玻纤层分离
原因分析	1. 扎头过小，捆绑不规范； 2. 固化压力过小，压力不足以使玻纤层间密实； 3. 软管进水、进气阻隔固化； 4. 端头未开排气口

（续表）

处理方法	1. 端口处分层可注浆填充； 2. 整段分层需重新订购材料内衬
预防措施	1. 使用与管径相匹配的扎头，规范捆绑； 2. 参考软管供应商提供的固化压力数据； 3. 规范施工，避免软管进水、进气； 4. 固化前在软管端头开排气口，3 点、9 点、12 点钟方向各开一个长度 3～5cm，管径大于 DN1000mm 时可适当增加排气口数量，排气口深度以划至最外层玻纤为准

16　技术要点说明

16.1　固化灯速度说明

软管固化速度受 UV 灯波峰、UV 灯功率、照射距离、灯链长度、管道大小、软管壁厚、光引发剂种类、树脂种类、环境温度等诸多因素影响。不同品牌光固化设备固化不同品牌软管，固化速度会略有差别。施工单位应把准备使用的软管品牌告知光固化设备企业，让设备企业提供固化此品牌软管的固化速度。

当没有固化速度数据时可参考经验数据，开普瑞环保科技有限公司内衬软管在 UV 汞灯条件下，每毫米厚度需要的固化时长为 0.8～1min，施工单位可根据端口裸露软管固化时间及自身灯链照射长度计算固化速度。

由于 UV-LED 灯波长单一，属于冷光源，功率较小，不同品牌固化设备波长不同，在大壁厚软管固化中不建议使用。

当环境温度低于 5℃时或带水固化时，固化热量流失快，应适当降低固化速度。

16.2 内衬管寿命说明

行业标准 CJJ/T 210—2014 中 3.0.3 规定：管道结构性修复更新后的使用期限不得低于 50 年。利用原有管道结构进行半结构性修复的管道，其设计使用年限应原有管道结的剩余设计使用期限确定，对于混凝土管道，半结构性修复后的最长设计使用年限不宜超过 30 年。

湖北省地方标准 DB42/T 2042—2023 中 4.4 规定：管道结构性修复后的工作年限不得低于原有管道的结构设计工作年限，对城镇排水干管，管道结构性修复后的结构设计工作年限不得低于 50 年。利用原有管道结构进行半结构性修复的管道，其结构设计工作年限不应低于原有管道结构的剩余设计工作年限，且不低于 20 年。

16.3 全产业链质量控制说明

紫外光原位固化修复行业的健康发展，需要全产业链共同努力才能得以实现。全产业链质量控制方案见《紫外光原位固化法管道修复全产业链质量控制倡议（2024 年版）》所述，见附录 2。

17 引用标准名录

《给水排水管道工程施工及验收规范》(GB 50268—2008)

《城镇排水管道非开挖修复更新工程技术规程》(CJJ/T 210—2014)

《城镇排水管道检测与评估技术规程》(CJJ 181—2012)

《城镇排水管道维护安全技术规程》(CJJ 6—2009)

《城镇给排水管道非开挖修复材料》(曹井国等主编)

《城镇排水管道非开挖修复工程施工及验收规程》(T/CECS 717—2020)

《市政排水管道紫外线原位固化修复施工技术规程》(T/CMEA 34—2023)

《排水管道紫外光原位固化修复技术规范》(DB42/T 2042—2023)

《地下有限空间作业安全技术规范》(DB11/T 852—2019)

《城镇排水管渠与泵站运行维护及安全技术规程》(CJJ 68—2016)

附　　录

附录 1　行业标准《城镇排水管道非开挖修复更新工程技术规程》(CJJ/T 210—2014)第 5.2 内衬管设计

5.2　内衬管设计

5.2.1　当采用穿插法、原位固化法、折叠内衬法或缩径内衬法进行管道半结构性修复时，内衬管最小壁厚应符合下列规定：

1. 内衬管壁厚应按下列公式计算：

$$t=\frac{D_{\mathrm{O}}}{\left[\frac{2KE_{\mathrm{L}}C}{PN(1-\mu^{2})}\right]^{\frac{1}{3}}+1} \qquad (5.2.1-1)$$

$$C=\left[\frac{\left(1-\frac{q}{100}\right)}{\left(1+\frac{q}{100}\right)^{2}}\right]^{3} \qquad (5.2.1-2)$$

$$q=100\times\frac{(D_E-D_{min})}{D_E}\text{或 }q=100\times\frac{D_{max}-D_E}{D_E} \qquad (5.2.1-3)$$

式中：t——内衬管壁厚(mm)；

D_O——内衬管管道外径(mm)；

K——圆周支持率，取值宜为7.0；

E_L——内衬管的长期弹性模量(MPa)，宜取短期模量的50%；

C——椭圆度折减系数；

P——内衬管管顶地下水压力(MPa)，地下水位的取值应符合现行国家标准《给水排水工程管道结构设计规范》GB 50332的有关规定；

N——安全系数，取2.0；

μ——泊松比，原位固化法内衬管取0.3，PE内衬管取0.45；

q——原有管道的椭圆度(%)，可取2%；

D_E——原有管道的平均内径(mm)；

D_{min}——原有管道的最小内径(mm)；

D_{max}——原有管道的最大内径(mm)。

2. 当内衬管管道位于地下水位以上时，原位固化法内衬管的标准尺寸比(SDR)不得大于100，PE内衬管的标准尺寸比(SDR)不得大于42。

3. 当内衬管椭圆度不为零时，按式(5.2.1-1)计算的内衬管的壁厚最小值不应小于下列公式计算结果：

$$1.5\frac{q}{100}\left(1+\frac{q}{100}\right)SDR^2-0.5\left(1+\frac{q}{100}\right)SDR=\frac{\sigma_L}{PN} \qquad (5.2.1-4)$$

$$SDR=\frac{D_O}{t} \qquad (5.2.1-5)$$

式中：SDR——管道的标准尺寸比；

σ——内衬管材的长期弯曲强度(MPa),宜取短期强度的50%。

5.2.2 当采用穿插法、原位固化法、折叠内衬法或者缩径内衬法进行管道结构性修复时,内衬管最小壁厚应符合下列规定:

1. 内衬管壁厚应按下列公式计算:

$$t=0.721D_{O}\left[\frac{\left(\frac{N\times q_{t}{}^{2}}{C}\right)}{E_{L}\times R_{w}\times B'\times E'_{S}}\right]^{\frac{1}{3}} \tag{5.2.2-1}$$

$$q_{t}=0.00981H_{W}+\frac{\gamma\times H_{S}\times R_{w}}{1000}+W_{S} \tag{5.2.2-2}$$

$$R_{W}=1-0.33\times\frac{H_{w}}{H_{S}} \tag{5.2.2-3}$$

$$B'=\frac{1}{1+4e^{-0.213H}} \tag{5.2.2-4}$$

式中:q_t——管道总的外部压力(MPa),包括地下水压力、上覆土压力以及活荷载;

R_w——水浮力系数,最小取0.67;

B'——弹性支撑系数;

E'_S——管侧土综合变形模量(MPa),可按现行国家标准《给水排水工程管道结构设计规范》GB 50332的规定确定;

H_w——管顶以上地下水位高(m);

γ——土的重度(kN/m³);

H——管道敷设深度(m);

H_S——管顶覆土厚度(m);

W_S——活荷载(MPa),应按现行国家标准《给水排水工程管道结构设计规范》GB 50332的规定确定。

2. 内衬管最小壁厚还应满足下式规定：

$$t \geqslant \frac{0.1973 D_{O}}{E^{\frac{1}{3}}} \tag{5.2.2-5}$$

式中：E——内衬管初始弹性模量(MPa)。

3. 结构性修复内衬管的最小厚度还应同时满足本规程公式(5.2.1-1)和(5.2.1-4)的要求。

附录

附录2　紫外光原位固化法管道修复全产业链质量控制倡议(2024年版)

为更好保障紫外光原位固化法管道修复质量，促进行业长远健康发展，中国市政工程协会市政管道与非开挖技术专委会、中国测绘学会地下管线专委会和中国城镇供水排水协会设施更新与修复专委会，组织原料厂商、软管厂商、设备厂商、施工单位、检测单位、业主单位、高校及行业相关专家，对紫外光原位固化法管道修复工艺从原材料到竣工验收的全过程中影响质量的关键环节进行了充分研讨，对良好实践达成共识，现提出如下倡议：

一、原材料

（一）树脂

1．采用间苯型新戊二醇型树脂或性能更好的树脂，禁用邻苯型不饱和聚酯树脂。

2．在工业废水或沿海地区，采用乙烯基酯树脂或环氧树脂等耐腐蚀性能更好的树脂。

（二）玻璃纤维

3．提倡使用ECR玻璃纤维。

4．提倡玻璃纤维应保证合理的短纤维层厚度。

二、内衬软管

（一）产品制造

5．软管厂商采购、使用符合行业较高标准及业主要求、让业主放心的原材料，提供质量稳定的内衬软管产品。不弄虚作假、以次充好，不恶意降价竞争，搅乱市场秩序。在不能控制质量服务的前提下，不采用代加工、不替他人贴牌生产产品。

6. 产品标识所用树脂、玻璃纤维类型和技术指标与送交第三方检测机构的样品一致，不使用邻苯树脂，不使用掺邻苯树脂的间苯树脂，不使用其他不满足使用要求的树脂。

7. 所供内衬软管的玻纤层数应满足设计厚度、树脂含胶率比例要求，不为了降低成本而追求低含胶量。为保证内衬材料的低气孔率，采用抽真空和有效的碾压工艺。

8. 所供内衬软管应标识管径、壁厚、单位长度重量和避光膜遮蔽紫外线、抗拉、耐磨等的技术指标。

9. 内衬软管的浸胶制造过程应有自动控制系统，保证内衬软管成品的均一性在控制精度范围内。

10. 发货前内衬产品具有良好的成品储存空间，内衬产品具备良好的避光外包装和运输条件。

（二）产品使用

11. 需建立内衬软管质量追溯体系，确保软管所使用的原材料、生产线、生产工艺等影响质量的因素有入库检验、过程检验记录并可回溯分析。

12. 软管厂商应对外提供完整的适用本产品特性的《产品使用说明书》。每批内衬材料应明确下述参数，包括但不限于软管参数（管径、厚度），固化参数（光源种类、紫外光的吸收峰值波长、功率、行进速度、施工压力、适用环境温度）。

13. 软管厂商应提供内衬管的型式检验报告以及耐磨损试验报告。

三、固化设备

14. 不虚标各类参数。

15. 提供设备的使用说明书，包括但不限于固化光源种类、紫外光的辐射峰值波长、功率、固化管道直径范围等。

16. 提供固化光源照射强度的测定方法。

17. 设备应能采集和储存施工过程中的各类参数，包括但不限于固化管径、长度、固化光源功率、施工压力、固化速度、管内温度等。

四、施工

18. 按设计和标准要求进行管道预处理，并报监理或建设单位确认，确保预处理施工质量。

19. 在修复前、修复作业结束后应进行视频检测，并提交修复前后真实、规范的 CCTV 视频。修复前的视频拍摄完成后应及时下料，软管下料至原管道后，宜用潜望镜拍摄管道内视频或照片，修复作业结束后应及时拍摄视频。

20. 结合固化机组使用说明，按照内衬软管要求的固化光源及其技术指标选择相匹配的固化设备种类、扎头型号和其它辅助工器具。

21. 在材料采购前，应按待修复管道内径和长度订料；材料使用前核实现场管道口径、长度，确保软管口径、长度与现场管道尺寸相匹配。

22. 按照软管厂商提供的使用说明书或施工操作指南，并结合工程特点和施工环境规范开展修复施工；管道封堵、软管存储、软管运输、软管现场暂存、软管至井口、软管穿过管道、扎头绑扎、充气、固化、端头处理等符合标准和使用说明书的要求，确保施工固化质量。

23. 固化灯开启前，应对软管铺设、展开情况进行检查，确保软管内壁无环形褶皱、轴向褶皱、隆起和其他影响施工质量的情况。

24. 固化光源应满足辐射到内衬软管表面有效固化的辐照强度，且辐照强度不应低于出厂值的70%。

25. 光固化施工过程中的灯架开启时间、灯架巡航速度、灯架关闭时间、管内压力、固化温度等关键工艺参数应使用固化机组信息系统进行自动记录；修复前、修复作业结束后的CCTV视频、软管出厂资料、固化机的记录数据、其它关键影像资料按照业主、监理的要求及时上传，并确保上传数据信息真实、准确、完全。

26. 固化结束以后，确保端头处理符合设计和标准要求。

27. 现场固化完成后，按规范要求取样。建议首选在中间井进行取样(需采取扎头布或增强套筒等保护措施)，若施工中无中间井可取样，可在具有与管径相匹配的扎头布约束的端头进行取样，须保证该固化段与施工段保持一致的紫外线照射程度；不宜选取过度膨胀、或者因捆绑带造成褶皱、或者遇水发白、富树脂区域的样本送检。

28. 送检样品应使用防紫外光的蔽光袋封装，并在样品和封装袋上填写相关信息；固化结束后拉出来的内膜，保存到该段管道验收完毕。

29. 推进固化结束后的取样和检测技术进步，促使样品能真实代表现场施工实体情况。

五、招投标及工程管理

30. 合理定价，提倡优质优价，避免低价恶性竞争。

31. 合理确定工程发包边界，提倡管道病害处理及修复施工内容单独发包。

32. 检查施工现场核心操作人员作业资格及社保关系，确保其为中标单位或合法专业分包单位的工作人员，杜绝转包和违法分包。

33. 根据住建部《建设工程质量检测管理办法》，严格落实“非建设单位委托的检测机构出具的检测报告不得作为工程质量验收的资料”的要求，保证送检取样是施工现场材料取样，并留存现场取样影像资料，检测报告数据真实、准确。

34. 采用信息化系统对施工过程进行记录和管理，做到施工质量可追溯。

以上倡议，参与者自觉遵守，互相监督，也欢迎业内同行监督并且加入参与者的行列中来，大家共同维护紫外光固化工艺的技术进步，以诚信、真实、负责任的职业精神和素养赢得社会的尊重和行业的认可，为我国的排水管道非开挖修复的健康良性发展做出积极的努力和贡献。